Andreas H. Schuler
Andreas Pfeifer

Kapitalmarktorientiertes Konzernrechnungswesen mit SAP EC®

Andreas H. Schuler
Andreas Pfeifer

Kapitalmarktorientiertes Konzernrechnungswesen mit SAP EC®

Umsetzung eines effizienten eReportings

Die Deutsche Bibliothek – CIP-Einheitsaufnahme
Ein Titeldatensatz für diese Publikation ist bei
Der Deutschen Bibliothek erhältlich.

1. Auflage März 2001

Konzeption und Layout des Umschlags: Ulrike Weigel, www.CorporateDesignGroup.de

ISBN 978-3-322-86586-1   ISBN 978-3-322-86585-4 (eBook)
DOI 10.1007/978-3-322-86585-4

Vorwort

Die erfolgreiche Umsetzung des derzeit weltweit größten SAP EC-CS Projekts (bezogen auf die Zahl der dezentralen Anwender) bot uns die Gelegenheit, unsere langjährigen Erfahrungen auf dem Gebiet der Konzernrechnungslegung und deren DV-technischen Unterstützung einem breiten Publikum zugänglich zu machen. Diesen Erfahrungsaustausch halten wir für umso wichtiger, da interne und externe Berichterstattung infolge der Globalisierung neue Anforderungen erfüllen müssen.

Dieses Buch zeigt Tendenzen auf, die in Richtung integrierter Berichterstattung weisen, und bietet einen Leitfaden zur notwendigen Vorbereitung auf die zukünftigen Herausforderungen. Insbesondere wird dabei Wert auf die Einbeziehung von SAP EC als Basis für die Umsetzung eines effizienten eReporting gelegt.

Beim Verfassen dieses Buches konnten wir auf unsere umfangreichen Projekterfahrungen und auf die freundliche Unterstützung von Accenture zurückgreifen. Dank gebührt den Mitarbeitern des Accenture ESPRIT Teams, die sich sehr für die Realisation dieses Buches eingesetzt haben. Sehr herzlich danken möchten wir Herrn Hermann Giehrl, Direktor in der Zentralabteilung Finanzen der Siemens AG, und Herrn Stefan Karl, Leiter der Entwicklung Konsolidierung der SAP AG, die mit ihren praktischen Erfahrungen maßgeblich zum Gelingen dieses Buches beitrugen.

München, im Januar 2001

Andreas H. Schuler und Andreas Pfeifer

Kontaktadresse:

Accenture GmbH
Maximilianstr. 35
D-80539 München, Deutschland

andreas.h.schuler@accenture.com
andreas.h.schuler@firemail.de

andreas.pfeifer@accenture.com
andreas.pfeifer@firemail.de

Inhaltsverzeichnis

Einleitung

Seit nunmehr sechs Jahren prämiert das Manager Magazin in Zusammenarbeit mit renommierten Wirtschaftswissenschaftlern die besten Geschäftsberichte börsennotierter europäischer Unternehmen. Dabei bilden die Kriterien inhaltliche Qualität, Gestaltung, Sprache und Finanzkommunikation den Bewertungsrahmen. Dieser alljährliche Wettbewerb unterstreicht, welchen Stellenwert die externe Berichterstattung mittlerweile einnimmt und welche Informationsbedürfnisse befriedigt werden müssen.

Die „New Economy" sorgte zudem für einen Boom von Börsengängen junger Unternehmen (vorzugsweise aus der Internet- und der Biotechnologiebranche), die sich häufig durch riskante Geschäftsmodelle auszeichneten. Um diesen Unternehmen den Zugang zum Kapitalmarkt zu erleichtern, wurden eigene Börsen eingerichtet. Beispiele dafür sind die NASDAQ in den USA oder der „Neue Markt" in Deutschland. Im Zusammenhang mit Enttäuschungen des Kapitalmarkts z.B. Unregelmäßigkeiten oder Fehler in der Rechnungslegung wie bei EM.TV oder Lucent Technologies hat auch diese Entwicklung zu einem erhöhten Informationsbedarf geführt.[1] Die „Financial Community" (Analysten, Fondsverwalter, Risikokapitalgeber, ...) hat ihre Aufmerksamkeit auf neue, wertorientierte und vor allem risikobezogene Daten und Fakten gelenkt, die rechtzeitig und verlässlich über den Zustand des berichtenden Unternehmens informieren. Der verschärfte Wettbewerb um Anlegerkapital lässt die Aktie zunehmend zum Gegenstand von Marketingmaßnahmen werden. Dies wurde eindrucksvoll illustriert durch den Börsengang der Deutschen Telekom, deren begleitende Werbekampagne auch international Maßstäbe gesetzt hat.

Auch über eine Neuemission von Aktien hinaus spielen Marketingmaßnahmen eine Rolle: So nutzen Unternehmen die externe Berichterstattung und die Bilanzpressekonferenz zunehmend als Bühne für die Vermarktung ihres Abschlusses. Diese Bemühungen haben zwei Ziele. Das erste Ziel ist die Erhöhung der Attraktivität der eigenen Aktien bei Kapitalgebern, um sowohl Neuemissionen zu erleichtern als auch durch eine breitere Streu-

---

[1] Financial Times Deutschland (2000a,b).

ung des Kapitals einer möglichen Übernahme vorzubeugen.[2] Das zweite Ziel ist die langfristige Bindung von Aktionären mit gezielten Investor Relations-Maßnahmen.

Neuausrichtung der externen Berichterstattung

Die externe Berichterstattung unterliegt somit einer umfassenden Neuausrichtung der Informationsbereitstellung, die das gesamte Unternehmen erfasst.

Diese Neuausrichtung basiert auf

- der Globalisierung des Kapitalmarkts

- der zunehmenden Verbreitung des Shareholder Value-Gedankens

- der Dynamisierung der Konzernstruktur durch stark steigende M&A (Merger and Acquisition)-Aktivitäten

- der Integration von externer und interner Berichterstattung

- revolutionären Veränderungen durch die Internettechnologie und eCommerce

Globalisierung der Kapitalmärkte

An den Kapitalmärkten nimmt die Bedeutung global tätiger institutioneller Anleger zu. Ihre wachsende Marktmacht, die vom steigenden Kapitalbedarf weltweit tätiger Unternehmen zusätzlich gefördert wird, führt langfristig zur Durchsetzung neuer Standards für die Rechnungslegung. Als Grundzüge dieser Standards lassen sich erstens eine weltweit vergleichbare und inhaltlich normierte Darstellung der Unternehmensdaten festmachen. Zweitens stellen diese Anleger hohe Ansprüche an die Geschwindigkeit, mit der die Informationen präsentiert werden. Und drittens sind auch der Informationsgehalt und die Qualität der Rechnungslegung von zunehmender Bedeutung.

Shareholder Value

Um den steigenden Informationsbedürfnissen des Kapitalmarkts zu begegnen, wurden zukunftsorientierte Kennzahlensysteme entwickelt. Dazu zählen insbesondere periodische Performancegrößen wie EVA® (Economic Value Added)[3] oder CVA (Cash Value Added)[4], die Aussagen über die Nachhaltigkeit der Wertorientierung von Unternehmen zulassen. Damit wird den Infor-

---

[2] Selten wurde detaillierter über Strategie und Wertpotentiale berichtet als von der Mannesmann AG im Kampf gegen die Übernahme durch Vodafone.

[3] Stewart (1991).

[4] Lewis (1994).

mationsbedürfnissen von Aktionären und Analysten, die heute zum Adressatenkreis der externen Rechnungslegung zählen, besser entsprochen.

M&A-Wellen

War die bisher größte Fusionswelle in den späten 60er Jahren noch von der Diversifikationstheorie getrieben und hatte die Bildung von Konglomeraten zum Ziel, so steht die heutige Entwicklung in engem Bezug zum Shareholder Value-Gedanken. Der Diversifizierungsansatz zur Risikostreuung wird heute ins Portfeuille der Anleger verlagert. Die Mehrzahl der Unternehmen konzentriert sich hingegen auf Kernkompetenzen, wofür zahlreiche Übernahmen, aber auch Desinvestitionen notwendig sein können. Die daraus resultierende Dynamik der Konzernstruktur führt zu ständigen Veränderungen im Konsolidierungskreis und stellt die Rechnungslegung großer Konzerne vor erhebliche Herausforderungen bezüglich Flexibilität und Abschlussgeschwindigkeit. So blieben BMW nur 10 Tage zwischen der Verkündung des Verkaufs von Rover und der geplanten Bilanzpressekonferenz.

Integration der Berichterstattung

Zahlreiche Unternehmen, die sich vor oder im Übergang zu einem internationalen Konzernabschluss befinden, planen die Integration der internen Berichterstattung und des externen Abschlusses (auch als interne und externe Berichterstattung bezeichnet). Insbesondere durch die Vorreiterrolle, die DaimlerChrysler und Siemens bei der Zusammenführung der Berichterstattung übernommen haben, ist diesbezüglich eine Diskussion in Gang gekommen.[5]

Auslösender Faktor für eine Integration ist die mit der Umstellung auf internationale Rechnungslegung ohnehin verbundene Annäherung interner und externer Berichterstattung. Außerdem wird die geforderte schnellere Veröffentlichung der Daten von einer zweigeteilten Berichterstattung und einem anschließenden Abgleich beider Teile erschwert. Die Notwendigkeit einer Trennung wird somit grundsätzlich in Frage gestellt und in diesem Buch diskutiert.

Ein Vorteil einer Integration besteht darin, dass das Management zum Zweck der Unternehmenssteuerung nur die extern kommunizierten Daten verwendet. Aus der Integration folgt somit eine stärkere und direktere Bindung an die externe Marktsicht mit den einzelnen Segmenten/Geschäftsfeldern. Dadurch steigt die

---

[5] Ziegler (1994, S. 177ff); Siener (1998, S. 27ff.).

Kapitalmarktorientierung innerhalb des Konzerns und eine unternehmenswertorientierte Konzernpolitik kann besser umgesetzt werden. Konzernweit entsteht sowohl eine einheitliche Terminologie als auch ein übereinstimmendes Verständnis für die Rechnungslegung.

Einfluss des Internets und eCommerce

Die Internettechnologie erlaubt eine grundlegende Neugestaltung von Geschäftsprozessen. Sie schafft die Möglichkeit, alle am Geschäftsprozess Beteiligten direkt und ohne Zeitverzug (online) in die Wertschöpfungskette zu integrieren. Aufwendige Koordinationsaktivitäten für Vorbereitung und Durchführung der Geschäftsprozesse können entfallen. Dadurch können beträchtliche Effizienzgewinne freigesetzt werden.

Für die Konzernrechnungslegung beinhaltet die Internettechnologie die Möglichkeit, den Geschäftsprozess „interne Berichterstattung" und „externen Abschluss" in einem für alle Prozessbeteiligten zugänglichen, internetbasierten System abzuwickeln. Dies geschieht durch einen zentral definierten und gewarteten Konzerndatenpool, auf den alle Prozessbeteiligten online zugreifen können. Der Konzerndatenpool umfasst alle zur Eingabe, Verarbeitung und Auswertung der Konzernrechnungslegung erforderlichen Komponenten.

Umfang der Veränderungen

Die Breite und Vielzahl dieser Treiber und die Geschwindigkeit ihrer Veränderung lassen erahnen, dass nicht mehr nur einzelne Unternehmensbereiche oder Funktionen betroffen sind. In diesem Fall kann nur ein ganzheitlicher Ansatz, der – ausgehend von einer geeigneten Strategie – die Komponenten Technologie, Prozesse und Organisation in ihrer wechselseitigen Abhängigkeit erfasst und neu ausrichtet, Grundlage für eine erfolgreiche Veränderung sein.

Dieses Buch widmet sich der Integration von interner und externer Berichterstattung im Kontext der Globalisierung der Kapitalmärkte. Es werden konkrete Umsetzungs- und Gestaltungsmöglichkeiten mit ihren Effizienzpotentialen aufgezeigt. Einen Schwerpunkt bildet dabei die Darstellung der internetbasierten „e"-Lösung mit Hilfe von SAP EC. Beginnend mit der Beschreibung der Grundfunktionalitäten werden detaillierte Umsetzungsvorschläge unterbreitet und der Beitrag von SAP EC beim Übergang zu einem effizienten eReporting herausgearbeitet. Mit der Definition von Reporting beziehungsweise eReporting wird nicht zuletzt auch ein Beitrag zur Entflechtung des Sprachgewirrs um die Integration in der Rechnungslegung geleistet.

Das Buch gliedert sich in insgesamt acht Kapitel.

In **Kapitel 1** wird zunächst die Maßgeblichkeit Neuer Reporting Standards hergeleitet. Im Anschluss wird die Integration von externer und interner Berichterstattung zu Reporting dargestellt. Dazu wird eine „Integration-Roadmap" vorgestellt, die eine skalierbare Umsetzung ermöglicht.

Kapitel 2 zeigt die Bedeutung der Informationstechnologie als „e"-Enabler für das Reporting auf und diskutiert einen ganzheitlichen Ansatz zur Umsetzung von eReporting. Abschließend wird mit SAP EC ein geeignetes Umsetzungstool vorgestellt.

Kapitel 3 beschäftigt sich mit grundsätzlichen Überlegungen und konkreten Maßnahmen im Projektmanagement zur erfolgreichen Umsetzung. Im Mittelpunkt steht zunächst die Festlegung der Vorgehensweise. Danach werden eine mögliche Projektorganisation sowie Maßnahmen des Projektmarketings und der Projektkommunikation dargestellt.

Kapitel 4 zeigt, welche Anforderungen an das Systemdesign sich aus der Einführung eines effizienten und integrierten eReporting ergeben. Mit einer detaillierten Vorstellung der Module SAP EC-CS und EC-EIS wird die Grundlage für das technische Verständnis des nachfolgenden Lösungsansatzes geschaffen. In diesem wird dargestellt, wie ein eReporting-Konzept mit den Modulen SAP EC-CS und EC-EIS zielgerecht umgesetzt werden kann.

Kapitel 5 beschreibt die erfolgreiche Vorgehensweise bei der technischen Umsetzung der betriebswirtschaftlichen Anforderungen. Dabei werden insbesondere konkrete Lösungsansätze aus der Praxis für die Realisierung eines eReporting-Systems mit Hilfe von SAP EC und die dabei zu berücksichtigenden Erfolgsfaktoren dargestellt. Die technische Umsetzung wird nicht ausschließlich als Hilfsmittel gesehen. Vielmehr können systemtechnische Möglichkeiten auch das betriebswirtschaftliche Anforderungsspektrum erweitern und neue Wege aufzeigen.

Kapitel 6 greift die Ergebnisse der vorangegangenen Abschnitte auf und weist den Weg einer Migration nach SAP EC im gesamten Unternehmen. Unter dem Begriff „Business Readiness" werden hier die wesentlichen Schritte einer erfolgreichen Migration verstanden. Mit Kapitel 6 endet die Beschreibung der Entwicklungsphase eines effizienten eReporting mit SAP EC.

Kapitel 7 widmet sich den Anforderungen im produktiven Einsatz und gibt detaillierte Hinweise zum erfolgreichen Übergang von der Entwicklung in das Betreiben eines eReporting-Systems mit SAP EC.

Abschließend wagen die Autoren in **Kapitel 8** einen „Ausblick" auf Herausforderungen, die das Reporting sowohl in technischer als auch in betriebswirtschaftlicher Sicht erwarten.

1 Kapitalmarktorientiertes Konzernrechnungswesen

Kapitel eins stellt zunächst die Auswirkungen der Globalisierung auf die Rechnungslegung vor. Die daraus resultierenden Neuen Reporting Standards werden dem kontinentalen und dem angelsächsischen Rechnungslegungsmodell gegenübergestellt. Zur Erfüllung der Neuen Reporting Standards ist die Integration von interner und externer Berichterstattung notwendig, die mit Hilfe einer Integration Roadmap schrittweise erreicht werden kann.

1.1 Neue Reporting Standards infolge der Globalisierung

1.1.1 Auswirkungen der Globalisierung auf die Rechnungslegung

Das nachfolgende Zitat aus der Financial Times skizziert die Auswirkungen der Globalisierung und der Verfügbarkeit moderner Informationstechnologie auf die Rechnungslegung internationaler Konzerne. Der Textausschnitt wurde nicht übersetzt, um den Inhalt nicht durch mögliche Übersetzungsverluste zu verfälschen.

„Globalisation of equity markets looks unstoppable as trade and capital flows are increasingly liberalised and multinational companies continue to dominate the market place. The corporate world's drive for the cheapest capital options is levelling all sorts of playing fields. At the same time, investors' learning is accelerated by the IT revolution. Under these twin thrusts, the investment world is shrinking and becoming more uniform. Accounting has been important. A few years ago, disparate accounting procedures made international comparisons almost impossible. However, most multinational companies now produce internationally-aligned accounts."[6]

Globalisierung In den letzten Jahren haben sich die Bedingungen auf den Weltmärkten für Unternehmen drastisch verändert und zu einem Wechsel von multinationaler zu globaler Ausrichtung geführt. Levitt (1996, S. 199) definiert den Unterschied wie folgt: Multina-

---

[6] Financial Times (2000).

tional bedeutet eine Anpassung an landesübliche Gegebenheiten. Global hingegen kennt keine landesspezifischen Unterscheidungen. Für die Rechnungslegung bedeutet dies, dass infolge der Globalisierung zukünftig weltweit nur noch ein Rechnungslegungsstandard akzeptiert werden wird.

Institutionelle Anleger

Nicht nur der Konkurrenzkampf auf Güter- und Arbeitsmärkten intensiviert sich infolge der Globalisierung,[7] auch der Wettbewerb um das Gut Kapital nimmt weltweit zu. Hauptgrund für diese Entwicklung ist die wachsende Konzentration des Aktienbesitzes bei institutionellen Anlegern. Innerhalb von nur 10 Jahren stieg deren Anteil am Aktienbesitz von 14 Prozent auf 24 Prozent. Private Anleger hingegen halten nur noch einen Anteil in Höhe von 15,7 Prozent (gegenüber 19,7 Prozent im Vergleichszeitraum).[8] Mit dem intensiven Wettbewerb auf dem Kapitalmarkt geht eine Neuorientierung der potentiellen Kapitalgeber einher. Insbesondere institutionelle Anleger suchen weltweit nach Anlagen mit den höchsten Renditen. Nationale Grenzen spielen bei der Investitionsentscheidung der Kapitalgeber keine Rolle mehr. Ausschlaggebender Faktor für Investitionen in Unternehmen sind allein die Erwartungen hinsichtlich des zukünftigen Wertsteigerungspotentials der Unternehmen.

Zur Bestimmung des Wertsteigerungspotentials müssen geeignete Informationen über die Unternehmen vorhanden sein, die im Idealfall von den Unternehmen selbst zur Verfügung gestellt werden. Denn nur Unternehmen, die den Informationsbedarf der global tätigen Investoren berücksichtigen, können von den Finanzmärkten auch ausreichend Kapital erwarten. Die umfassende Verfügbarkeit von Unternehmensinformationen alleine ist allerdings noch kein Garant für einen ausreichenden Kapitalfluss. Werden aber die speziellen Informationsbedürfnisse eines globalisierten Finanzmarktes nicht in genügendem Maße befriedigt, suchen die Investoren Alternativanlagen und ziehen ihr Kapital ab.

Neue Reporting Standards

Um weltweit Anlagen miteinander vergleichen zu können, benötigen Kapitalgeber auch weltweit anwendbare Bewertungskriterien und -richtlinien. Diese können nur dann zum Einsatz kommen, wenn eine einheitliche Sprachregelung in Form eines

---

[7] Vergleiche auch Martin/Schumann (1997, S. 138).

[8] Deutsche Bundesbank (2000, Tab. IV, S. 32).

einheitlichen Rechnungslegungsstandards gefunden werden kann.

Als Folge der Globalisierung stellen Kapitalgeber somit neue Anforderungen an die Informationsbereitstellung seitens der Unternehmen.[9] Diese neuen Anforderungen beziehen sich sowohl auf die Qualität der Information als auch auf zeitliche Faktoren. Zu den qualitativen Faktoren zählen etwa der Detaillierungsgrad und der Umfang der bereitgestellten Information, zu zeitlichen Faktoren die Häufigkeit (Periodizität) und die Geschwindigkeit, mit der die Information geliefert wird. Aus Unternehmenssicht stellen diese Anforderungen neue, global gültige Standards dar, die von der Rechnungslegung des Unternehmens erfüllt werden müssen. Diese werden im Folgenden als Neue Reporting Standards bezeichnet.

1.1.2   Neue Regeln durch den Kapitalmarkt

Dominanz des US-amerikanischen Aktienmarktes

Bevor die Bedeutung der Neuen Reporting Standards für das Konzernrechnungswesen diskutiert werden kann, muss betrachtet werden, wo sich diese Standards herausbilden. Bisher wurde nur sehr allgemein der Weltkapitalmarkt als deren Ursprung angeführt. Eine Aufgliederung des Weltaktienmarktes nach Ländern zeigt, dass die US-amerikanische Börse alle anderen Aktienmärkte dominiert.[10]

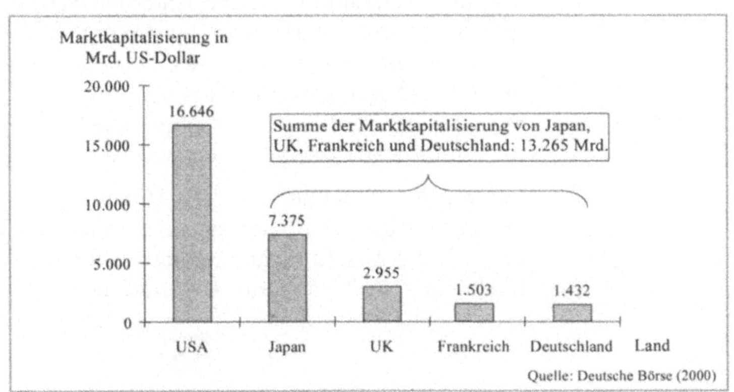

Abbildung 1: Marktkapitalisierung auf den fünf größten Börsenplätzen der Welt 1999

---

[9] Vgl. Sill (1995).

[10] Marktkapitalisierung der USA: NYSE, NASDAQ und Chicago.

1999 betrug die Marktkapitalisierung in den USA 16.646 Mrd. US-Dollar. Damit übertrifft der US-Aktienmarkt alle anderen nationalen Aktienmärkte bei weitem. Selbst zusammen erreichen die vier nächst größeren Märkte (Japan, UK, Frankreich, Deutschland) nur knapp 80 Prozent der Marktkapitalisierung der US-amerikanischen Börsen.

Weltbörse USA

Damit kann der US-amerikanische Aktienmarkt aufgrund seiner Größe als die de facto-Weltbörse bezeichnet werden. Infolge dieser führenden Stellung wird der globale Standard hauptsächlich durch den amerikanischen Aktienmarkt geprägt. Die angelsächsischen Konventionen, in der Literatur auch als „britisch-amerikanisches Modell" bezeichnet,[11] haben sich gegenüber dem „kontinentalen Modell" durchgesetzt. Das kontinentale Modell findet vor allem in den kontinentaleuropäischen Staaten mit Ausnahme der Niederlande Anwendung. Diese beiden Modelle stellen zwei unterschiedliche Ansätze von Rechnungslegungssystemen dar. Ersteres hat den Grundsatz der offenen, periodengerechten und anlegerorientierten Informationsdarstellung (u.a. „true and fair value" Prinzip). Letzteres basiert auf dem Vorsichtsprinzip, das seinen Schwerpunkt im Gläubigerschutz hat.

Die angelsächsischen bzw. amerikanischen Standards sind also die Basis für die Weltstandards, die mittelfristig an allen Börsenplätzen gelten werden. Somit müssen sich sowohl amerikanische als auch nicht-amerikanische Unternehmen diesen Neuen Reporting Standards unterwerfen. Um mittel- und langfristig konkurrenzfähig zu sein, müssen sich alle Unternehmen, die sich an einer beliebigen Börse finanzieren, auf diese Standards und somit auf die Einflüsse der angelsächsischen Konventionen als Rechnungslegungsstandard einstellen.

Zahlreiche nicht-amerikanische Unternehmen haben bereits den Sprung an die US-Börsen gewagt. Innerhalb von nur 10 Jahren hat sich die Anzahl nicht-amerikanischer, an der New York Stock Exchange (NYSE) notierter Unternehmen mehr als vervierfacht.

---

[11] Vgl. Born (1997, S. 19).

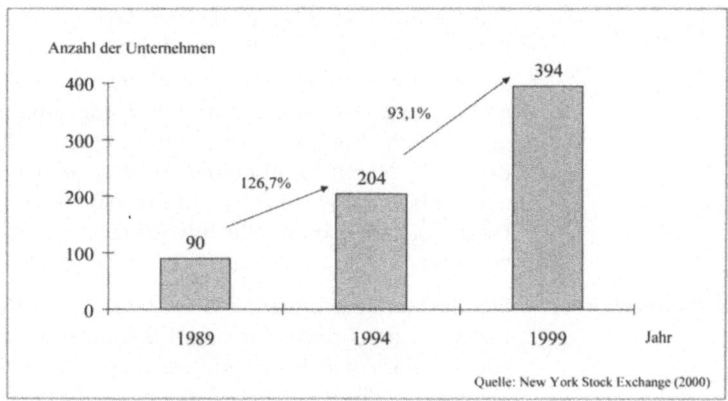

Abbildung 2: Anzahl nicht-amerikanischer Unternehmen an der NYSE 1989-1999

Dabei betrug die Marktkapitalisierung der 394 nicht-amerikanischen Unternehmen ca. 5.500 Mrd. US-Dollar.[12] Obwohl der Anteil dieser Unternehmen 1999 nur 13 Prozent aller an der NYSE notierten Unternehmen ausmachte, betrug deren Anteil annähernd 50 Prozent der gesamten Marktkapitalisierung.[13] Damit wird die NYSE insbesondere von außeramerikanischen Großunternehmen als Refinanzierungsquelle genutzt. Bisher haben sich 13 deutsche Unternehmen – darunter Allianz, BASF, DaimlerChrysler und Deutsche Telekom – an der NYSE notieren lassen.[14] Weitere deutsche Großunternehmen wie Siemens streben die amerikanische Börsennotierung an.

Zugangsvoraussetzungen US-Börse
Voraussetzung für die Beantragung der amerikanischen Börsennotierung ist entweder die Anwendung von US-GAAP (Generally Accepted Accounting Principles) als Rechnungslegungsvorschrift oder die Überleitung (Reconciliation) wesentlicher Bestandteile eines Abschlusses einer nationalen Rechnungslegung auf US-GAAP-Anforderungen.

---

[12] New York Stock Exchange, Stand: 31. Dezember 1999.

[13] Die Marktkapitalisierung an der New York Stock Exchange betrug 11.440 Mrd. US-Dollar (1999).

[14] Vgl. Anhang 9.2.

US-GAAP

Die Rechnungslegung nach US-GAAP unterscheidet sich wesentlich von der traditionellen Rechnungslegung in Kontinentaleuropa, wo der Gläubigerschutz und der Einfluss fiskalischer Aspekte im Vordergrund stehen. Alle Anforderungen der Rechnungslegung nach US-GAAP und grundlegende Prinzipien (Accruals Principle, Matching Principle, Substance over Form, Going Concern, Materiality) dienen zur Transparenz des Unternehmens. Damit sollen potentielle Investoren informiert und geschützt werden.

Reconciliation

Ein Konzernabschluss nach Landesrecht (z.B. HGB für deutsche Unternehmen) reicht für eine US-Börsennotierung nicht aus. „Als spektakulärster Fall der Anwendung amerikanischer Rechnungslegungsvorschriften durch einen deutschen Konzern gilt nach wie vor die Daimler Benz AG (seit 1998: DaimlerChrysler AG). Der Daimler Benz Konzern musste seit Herbst 1993 einen Abschluss vorlegen, der den US-GAAP genügt, damit die Aktie der Daimler Benz AG zum Handel an der New Yorker Börse notiert werden kann."[15]

Der Vollständigkeit halber sei erwähnt, dass es eine Erleichterung für nicht-amerikanische Unternehmen in Form der so genannten Reconciliation (Form 20-F Item 18 Option One) des Konzernabschlusses gemäß US-GAAP gibt. Diese Reconciliation gestattet eine Überleitung wesentlicher Positionen (Ergebnisse und Eigenkapital) eines nicht gemäß US-GAAP erstellten Abschlusses. Anforderung ist dabei lediglich, dass aus Bewertungs- und Bilanzansatzunterschieden zwischen Landesrecht und US-GAAP resultierende materielle Abweichungen zu erläutern sind. Die einzelnen Positionen der Bilanz und der Gewinn- und Verlustrechnung müssen nicht angepasst werden.

Bei einer Reconciliation wird vom Unternehmen erst ein Abschluss gemäß einer von US-GAAP abweichenden landesrechtlichen Rechnungslegungsvorschrift (z.B. HGB) erstellt und anschließend auf US-GAAP übergeleitet. Diese Überleitung kann auf Basis des nach Landesrecht erstellten Konzerabschlusses vorgenommen werden und erfordert keine Umstellung der Buchhaltungen und Abschlusserstellung der einzelnen Konzerneinheiten. Die Daimler-Benz AG hat von dieser Möglichkeit bis 1996 Gebrauch gemacht. Auf die Erleichterung der Reconciliation wird seit 1996 verzichtet und ein nach US-GAAP Richtlinien er-

---

[15] Prangenberg (2000, S.XIV).

stellter Abschluss eingereicht. „Seit unserem Listing an der New York Stock Exchange haben wir unsere externe Berichterstattung zunehmend am Informationsbedarf der internationalen Finanzwelt ausgerichtet."[16]

Von den Autoren wird eine Reconciliation als nicht ausreichend angesehen, da diese vereinfachte Überleitung nicht die Informationsbedürfnisse der Kapitalgeber im Sinne der Neuen Reporting Standards befriedigt. Die Reconciliation wird daher nur als mögliche Übergangslösung in Betracht gezogen. Dies findet sich auch empirisch bestätigt. 11 der 13 an der NYSE gelisteten deutschen Unternehmen nehmen diese mögliche Erleichterung nicht in Anspruch.[17] Die verbleibenden zwei Unternehmen erstellen einen internationalen Abschluss nach IAS und leiten von diesem mittels Reconciliation auf US-GAAP über.

1.1.3   Internationale Rechnungslegung und Neue Reporting Standards

Nachdem gezeigt wurde, dass am amerikanischen Aktienmarkt die einheitliche Sprachregelung in Form des Rechnungslegungsstandards sowie die Neuen Reporting Standards definiert werden, kann nun die Bedeutung dieser neuen Regeln für die Rechnungslegung der Unternehmen diskutiert werden.

Internationale Rechnungslegung

Als internationaler Rechnungslegungsstandard hat sich die angelsächsische Rechnungslegung etabliert. Die angelsächsischen Rechnungslegungsvorschriften US-GAAP und IAS werden in diesem Buch als internationale Rechnungslegung bezeichnet. Von einer möglichen Differenzierung und Wertung der beiden Vorschriften wird bewusst abgesehen, da dies in der einschlägigen Fachliteratur bereits ausgiebig diskutiert wurde (Born (1997), Niehus/Thyll (2000)).

Neue Reporting Standards

Es wurde bereits aufgezeigt, dass Neue Reporting Standards gefordert werden und eine Notwendigkeit zur globalen Sprachregelung besteht. Diese globale Sprachregelung basiert auf der internationalen Rechnungslegung. In zeitlicher und qualitativer Hinsicht ergeben sich durch die Neuen Reporting Standards jedoch weit höhere Anforderungen.

---

[16] Daimler Benz (1997, S. 44)

[17] Vgl. Anhang 9.2.

Zeitliche Anforderungen

Die Neuen Reporting Standards fordern z.B. eine viel höhere Periodizität und eine schnellere Offenlegung des Abschlusses, um das Informationsbedürfnis der Investoren fortlaufend und schnell befriedigen zu können. Folglich reicht es für Unternehmen nicht mehr aus, die Mindestanforderungen der internationalen Rechnungslegung zu erfüllen. Am Beispiel der Abschlusszeiten kann dies verdeutlicht werden. Berichtpflichtige amerikanische Gesellschaften müssen gemäß US-GAAP (Form 10-K der Security Exchange Commission SEC) innerhalb von 90 Kalendertagen nach Ende des Geschäftsjahres ihren Jahresabschluss offenlegen. Eine Accenture Studie[18] hat ergeben, dass die tatsächliche Veröffentlichung der Abschlüsse ausgewählter Unternehmen weit früher, nämlich schon durchschnittlich nach 13 Arbeitstagen stattfindet.[19]

Qualitative Anforderungen

Zusätzlich zu anspruchsvollen zeitlichen Anforderungen stellen Investoren auch höhere qualitative Anforderungen an die Berichterstattung. Hierzu gehören Umfang, Detaillierungsgrad und Prägnanz der veröffentlichten Unternehmensdaten.

Diese erhöhten Qualitätsanforderungen können am Beispiel des Detaillierungsgrads der Segmentberichterstattung verdeutlicht werden. Als Segmentberichterstattung wird der Aufriss des Unternehmens nach Segmenten und Geschäftsfeldern bezeichnet.

Die Segmentberichterstattung der Siemens AG bietet ein gutes Beispiel, wie wichtig eine detaillierte Segmentinformationsbereitstellung für den Investor ist. Die Infineon Technologies AG und die Epcos AG gehören heute zu den größten deutschen Aktiengesellschaften und wurden infolge ihrer Bedeutung in den deutschen Aktienindex (DAX 30)[20] aufgenommen. Vor ihren Börsengängen[21] waren diese Unternehmen Bestandteil der Siemens AG. Im Siemens Geschäftsbericht 1997 sind detaillierte Daten dieser Unternehmen in der Segmentberichterstattung nur auf dem ag-

---

[18] Accenture (2001).

[19] Vgl. Anhang 9.1.

[20] Der Deutsche Aktien-Index (DAX 30) setzt sich aus 30 deutschen Blue Chips zusammen, deren Performances gewichtet in den Index eingehen.

[21] Die Börsengänge fanden am 15.10.1999 (EPCOS AG) bzw. am 13.03.2000 (Infineon Technologies AG) statt.

gregierten Niveau eines so genannten Arbeitsgebietes vorhanden.[22] Diese Darstellung ging konform mit dem von der Siemens AG verwendeten Rechnungslegungsstandard HGB. Die Siemens AG hat zwischenzeitlich auf den internationalen Rechnungslegungsstandard US-GAAP umgestellt.

Die Neuen Reporting Standards fordern eine detaillierte Darstellung der Segmentinformationen. Diese Anforderung geht weit über die Anforderungen der internationalen Rechnungslegung hinaus, die eine Zusammenfassung zu wenigen Segmenten zulässt. Infolge der Globalisierung sind die Anforderungen an die Detaillierung der Segmente gestiegen, so dass Segmente ab einer bestimmten Größenordnung nicht mehr pauschal ausgewiesen werden können.

Ein weiteres Beispiel bezüglich Umfang ist die Veröffentlichung wertorientierter Kennzahlen. Die internationale Rechnungslegung stellt keine Anforderungen an die Darstellung dieser Kennzahlen. Um den Anforderungen der Neuen Reporting Standards gerecht zu werden, veröffentlicht jedoch eine Vielzahl von Unternehmen wertorientierte Kennzahlen wie EVA® (Economic Value Added), CVA (Cash Value Added), CFROI (Cash Flow Return On Investment) oder EPS (Earnings Per Share).

Die aufgeführten Beispiele geben Einblick in die Anforderungen der Neuen Reporting Standards. Es zeigt sich, dass diese in zeitlicher und qualitativer Hinsicht viel höher sind als die Mindestanforderungen der internationalen Rechnungslegungskonventionen. Aus Abbildung 3 wird ersichtlich, dass die Neuen Reporting Standards auf den Prinzipien der internationalen Rechnungslegung beruhen, im Zuge der Globalisierung sich jedoch erheblich erweiterte Anforderungen sowohl in zeitlicher als auch in qualitativer Hinsicht ergeben haben. Die erweiterten Anforderungen sind so umfangreich und erheblich, dass hier nicht mehr von einer Erweiterung der internationalen Rechnungslegung, sondern von Neuen Reporting Standards gesprochen werden muss. Abbildung 3 zeigt die höheren zeitlichen und qualitativen Anforderungen der Neuen Reporting Standards relativ zu denen der internationalen Rechnungslegung. Diese vergleichende Darstellung stuft nicht die Anforderungen der internationalen Rechnungslegung ab, sondern hebt die hohen Erwartungen der Investoren hervor.

---

[22] Siemens (1997, S.72).

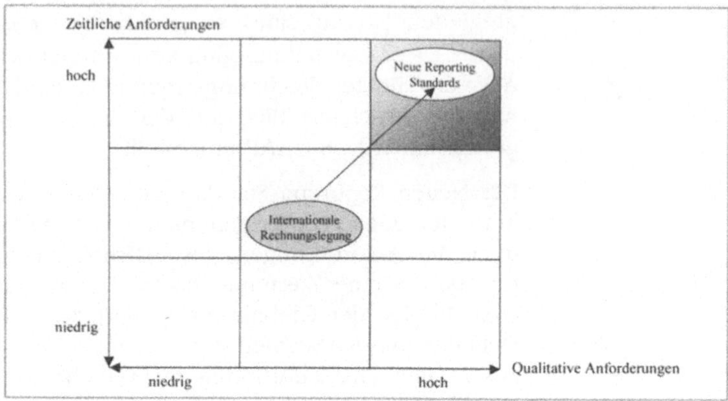

Abbildung 3: Anforderungen der Neuen Reporting Standards

1.1.4   Vor- und Nachteile der Anpassung an die Neuen Reporting Standards

Vorteile

Die Anwendung der Neuen Reporting Standards bei der Bereitstellung von Unternehmensinformationen bringt strategische Wettbewerbsvorteile gegenüber denjenigen Unternehmen, die diesen Schritt noch nicht vollzogen haben. Einer dieser Wettbewerbsvorteile ist die mögliche Abwehr einer feindlichen Übernahme infolge einer Unterbewertung der eigenen Aktien. Durch die Bereitstellung der Unternehmensinformationen gemäß der Neuen Reporting Standards wird der weltweite Bekanntheitsgrad des Unternehmens bei Kapitalgebern steigen. Dies kann eine breitere Streuung des Aktienkapitals unter individuellen und institutionellen Anlegern bewirken und somit eine feindliche Übernahme erschweren.

Ein weiterer Wettbewerbsvorteil ist der Besitz einer Tauschwährung in Form von global handelbaren Aktien. Damit steht bei Fusionen und Akquisitionen, die nicht durch andere Mittel finanziert werden könnten, die Aktie als Zahlungsmittel zur Verfügung. Zahlreiche Fusionen (z.B. AOL – TimeWarner, AOL – Netscape oder Worldcom – MCI) zeigen die Bedeutung dieses strategischen Instruments.[23] Allianz verkündete bei der Notierung

---

[23] Nach UNCTAD (2000, Tabelle I.1, S.2) summierten sich 1999 alle grenzüberschreitenden Fusionen und Akquisitionen zu 720 Mrd. US-

an der New York Stock Exchange: „Mit diesem Börsengang erweitert die Allianz Gruppe ihre Flexibilität bei der Finanzierung künftiger Akquisitionen und verschafft sich zusätzliche Möglichkeiten, das Unternehmen mit Hilfe neuer Anleger und strategischer Partnerschaften zu stärken."[24] Zur Realisierung dieses Vorteils ist das Listing der eigenen Aktie an der US-Börse Voraussetzung.

In Branchen, in denen sehr hohe Investitionen notwendig sind, werden die Neuen Reporting Standards bereits teilweise genutzt, um bei potentiellen Anlegern attraktiv in Erscheinung zu treten. Die derzeit Milliardensummen in die so genannte dritte Mobilfunkgeneration Universal Mobile Telecommunications System (UMTS-Technologie) investierenden Telekommunikationsunternehmen wollen 2001 neue Aktien im Wert von über 50 Milliarden Euro weltweit ausgeben.[25] Eine Veröffentlichung der relevanten Unternehmensdaten gemäß der Neuen Reporting Standards kann dieses Vorhaben in großem Maße unterstützen.

Mögliche positive Aspekte können auch aus einem höheren Bekanntheitsgrad des Unternehmens resultieren. Denkbar ist außerdem eine Heraufstufung der Bonität durch internationale Ratingagenturen (S&P, Moodys etc.), die eine höhere Transparenz der bereitgestellten Unternehmensinformationen honorieren und somit günstigere Refinanzierungskonditionen ermöglichen können.

Nachteile   Bei einer Diskussion über die Anpassung an die Neuen Reporting Standards dürfen kritische Stimmen nicht unerwähnt bleiben. Niehus/Thyll (2000, S.557) kritisieren, dass durch den sehr hohen Informationsgehalt der Neuen Reporting Standards Unternehmen transparent werden. Durch diese Transparenz könne die Wettbewerbsposition des Unternehmens geschädigt werden, da die Wettbewerber mehr Informationen über das konkurrierende Unternehmen erhalten. Die Publizität der Unternehmensdaten gemäß der Neuen Reporting Standards erleichtert sicherlich die

---

Dollar. Innerhalb von nur neun Jahren stiegen damit diese Aktivitäten relativ zum Weltbruttosozialprodukt von 0,7 Prozent (1990) auf 2,3 Prozent (1999) an.

[24] Allianz (2000). Die Allianz hat wie Ihre Wettbewerber IAS als Rechnungslegungsvorschrift gewählt und eine Reconciliation für das Listing an der NYSE erstellt.

[25] DM (2000, S. 127).

Analyse eines Wettbewerbers. Ob aber mehr strategische Informationen veröffentlicht und dadurch die Wettbewerbspositionen beeinflusst werden, ist nicht bewiesen.

Notwendigkeit

Ein Übergang auf die Neuen Reporting Standards und eine damit einhergehende Umstellung des Konzernrechnungswesens ist sicherlich zeitaufwendig und kostenintensiv. Um sich aber den globalen Anforderungen zu stellen und Wettbewerbsvorteile nicht nur in der Anlegergunst zu erreichen, ist dieser Übergang dringend erforderlich.

1.2 Integrationsbedarf bei der Rechnungslegung

1.2.1 Grundbegriffe der Konzernrechnungslegung

Externer Abschluss

Die Neuen Reporting Standards, geprägt vom amerikanischen Aktienmarkt, basieren auf den angelsächsischen Konventionen. Es wurde gezeigt, dass als Basis einer einheitlichen Sprachregelung die internationalen Rechnungslegungsstandards US-GAAP und IAS gelten. Diese Rechnungslegungsstandards dienen als Grundlage für die Erstellung von externen Abschlüssen. Als externer Abschluss wird im Folgenden der Abschluss bezeichnet, zu dessen externer, d.h. allgemein einsehbarer Veröffentlichung das Unternehmen entweder durch gesetzliche Vorgaben oder verbindliche Regelungen der jeweiligen Börsenaufsicht verpflichtet ist.

Konzern

Ein Konzern ist ein Zusammenschluss von Unternehmen, die zwar rechtlich eigenständig, jedoch von einer übergeordneten Einheit dominiert werden. Aus wirtschaftlicher Sicht ist dieser Zusammenschluss als ein einziges fiktives Unternehmen zu sehen. Aus juristischer Sicht existiert dieses Unternehmen nicht zwangsläufig als rechtliche Einheit.[26]

Die Darstellung des externen Abschlusses bezieht sich fast ausschließlich auf die Betrachtung des Konzerns in Form einer konsolidierten Darstellung der einzelnen Konzerneinheiten. Bevor die Abschlüsse der einzelnen Einheiten (Einzelabschlüsse) aggregiert werden können, müssen diese an den Rechnungslegungsstandard des Konzerns angepasst werden. Hierzu werden Anpassungen an die konzerneinheitlichen Ansatz- und Bewertungsrichtlinien vorgenommen. Hierunter fallen auch Anpassun-

---

[26] Prangenberg (2000, S. 46).

gen an Stichtage sowie bei Konzerneinheiten aus anderen Währungsräumen eine Währungsumrechnung.

Bei der einfachen Aggregation der einzelnen Konzerneinheiten zum Konzern ergibt sich ein Summenabschluss. Dieser Summenabschluss enthält Überhöhungen durch konzerninterne Vorgänge, die durch Konsolidierungsmaßnahmen eliminiert werden müssen. Zur Abgrenzung der konzerninternen und -externen Beziehungen muss daher bei der originären Buchung eine Information über den Empfänger (Partner) erfasst werden. Bei Konsolidierungsmaßnahmen handelt es sich in der Regel um die

- Kapitalkonsolidierung,

- Schuldenkonsolidierung,

- Aufwands- und Ertragskonsolidierung oder

- Zwischengewinneliminierung.

Vereinfachte Konsolidierung vs. Managementkonsolidierung

Die legale Konsolidierung setzt die vollständige Durchführung der oben genannten Maßnahmen voraus. Eine reduzierte Durchführung wird als vereinfachte Konsolidierung oder Managementkonsolidierung bezeichnet. Seitens der Autoren wird zwischen vereinfachter und Managementkonsolidierung wie folgt unterschieden: Als vereinfachte Konsolidierung werden Konsolidierungsmaßnahmen verstanden, die zwischen der internen und der externen Berichterstattung detailliert und exakt abgestimmt sind. Alle anderen reduzierten Konsolidierungsmaßnahmen werden als Managementkonsolidierung bezeichnet. Das wesentliche Unterscheidungsmerkmal ist somit, dass bei der vereinfachten Konsolidierung die konsolidierten Werte der internen und externen Berichterstattung übereinstimmen und bei der Managementkonsolidierung dies nicht gewährleistet ist.

Externe Berichterstattung

Dieses Buch bezieht sich auf die Erstellung des Konzernabschlusses, der im Folgenden als externer Abschluss (Legal Consolidation) beziehungsweise als externe Berichterstattung bezeichnet wird. Abbildung 4 zeigt eine typische Konzernstruktur, gegliedert nach legalen Einheiten oder Gesellschaften, die über die Zwischenstufe der Teilkonzerne zum Konzernabschluss Welt zusammengeführt werden.

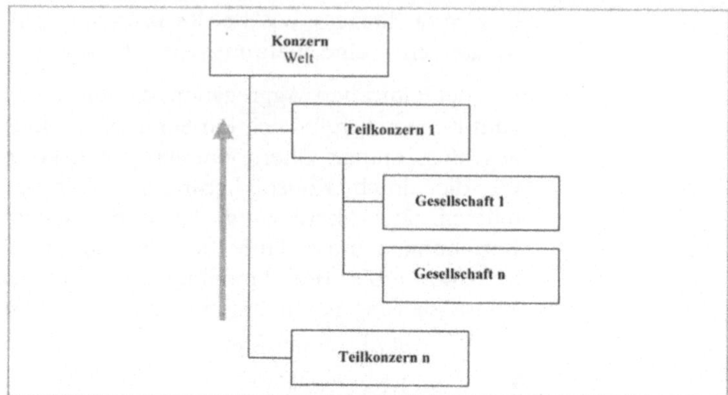

Abbildung 4: Konzernstruktur nach legalen Einheiten

*Segmente/
Geschäftsfelder*

Neben der legalen (gesellschaftsrechtlichen) Struktur können Konzerne auch nach Segmenten gegliedert werden. Im Gegensatz zur legalen Struktur, die aus der hierarchischen Organisation der rechtlich selbstständigen Gesellschaften besteht, ist die Segmentstruktur die Struktur der jeweiligen Geschäftsfelder. Die Detaillierung der Segmentsstruktur kann von Arbeitsgebieten über Geschäftsfelder bis zu Produkten reichen. In komplexen Unternehmen ist eine eindeutige Zuordnung von Segmentstrukturen zu legalen Strukturen häufig nicht möglich, da legale Gesellschaften oftmals mehrere Segmente vertreten. Dieser Fall wird hier als Matrixstruktur bezeichnet. Abbildung 5 zeigt eine Matrixstruktur, in der die legalen Einheiten horizontal und die Geschäftsfelder vertikal angeordnet sind.

*Interne Bericht-
erstattung*

Die interne Berichterstattung bezieht sich in der Regel auf die Segmentstruktur. Diese Berichterstattung, auch Management Reporting genannt, unterliegt keiner gesetzlichen Reglementierung und verfolgt ausschließlich das Ziel der Entscheidungsunterstützung für das Management. Die interne Berichterstattung abstrahiert insbesondere von legalen Einheiten und liefert unabhängig davon entscheidungsrelevante Informationen für Geschäftseinheiten und Geschäftsfelder auf beliebiger Detaillierungsebene. Für interne Darstellungen ist häufig eine Aggregation der Daten oder eine vereinfachte bzw. Managementkonsolidierung ausreichend. Als Folge kann die interne Berichterstattung schnell, aber inhaltlich oft überhöhte bzw. mittels Vereinfachungen pauschal konsolidierte Zahlen liefern.

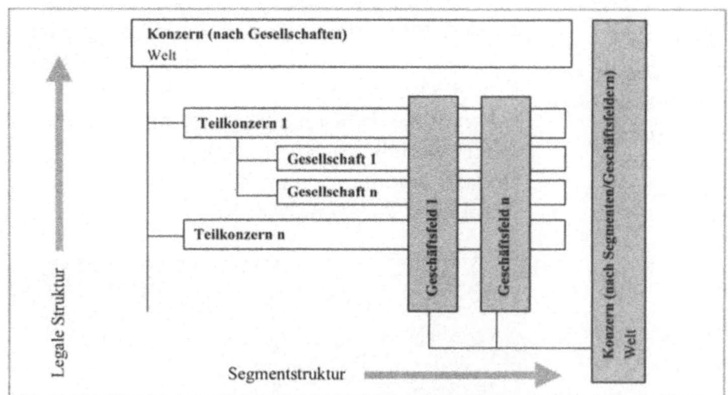

Abbildung 5: Matrixstruktur als Kombination aus legaler und Segmentstruktur

Die interne Berichterstattung liefert neben Finanzdaten häufig weitere Informationen wie Marktdaten und Kundeninformationen. Hierauf wird nicht näher eingegangen, da dies für die Integrationsdiskussion nicht relevant ist. Die nachfolgende Tabelle fasst die wesentlichen Unterschiede der internen und externen Berichterstattung tabellarisch zusammen.

Externe vs. interne Berichterstattung

	Externe Berichterstattung	**Interne Berichterstattung**
Auslöser	Externe Anforderungen	Interne Unternehmenssteuerung
Umfang	Detailliert definiert	Frei definierbar
Sichtweise	Legale Einheiten	Segmente, Geschäftsfelder
Zielsetzung	Finanzielle Darstellung der Vergangenheit	Grundlage für vergangenheits- und zukunftsortientiertes Controlling
Empfängerkreis	Externe wie Aktionäre, Gläubiger etc.	Management

Abbildung 6: Externe und interne Berichterstattung

*Britisch-
amerikanisches
vs. kontinenta-
les Modell*

In den folgenden Abschnitten wird gezeigt, welche Auswirkungen die Neuen Reporting Standards auf Unternehmen haben, die ihre Rechnungslegungsstandards entsprechend dem angelsächsischen (bzw. britisch-amerikanischen Modell) oder dem kontinentalen Modell ausgelegt haben. Zusammenfassend werden das britisch-amerikanische Modell und das kontinentale Modell in Abbildung 7 gegenübergestellt.

	Britisch-Amerikanisches Modell	**Kontinentales Modell**
Adressat	Kapitalanleger	Gläubiger
Relevanz für Steuerbemessung	Nein	Ja
Finanzierung der Unternehmen	Börse	Bank
Ziel	Anlegerschutz	Gläubigerschutz
Prinzipien	Periodengerechte Erfolgsdarstellung	Vorsichtsprinzip und Rücklagenbildung
Bildung von stillen Reserven	Stark eingeschränkt	Möglich in hohem Umfang

Abbildung 7: Rechnungslegung nach dem britisch-amerikanischen und dem kontinentalen Modell

Stellvertretend für das angelsächsische Modell werden in diesem Buch die internationalen Rechnungslegungsstandards US-GAAP/ IAS verwendet. Für das kontinentale Modell steht der deutsche Rechnungslegungsstandard HGB. Dieser Rechnungslegungsstandard ist durch seine weite Verbreitung für das kontinentale Modell repräsentativ. Die Gegenüberstellung der beiden Rechnungslegungsstandards hinsichtlich der zu veröffentlichenden Elemente (vgl. Abbildung 8) zeigt zunächst geringe Unterschiede.

	HGB	**US-GAAP/IAS**
Bilanz	Erforderlich	Erforderlich
GuV	Erforderlich	Erforderlich
Anhang	Erforderlich	Erforderlich
Lagebericht	Bei Kapitalgesellschaften	Bei börsennotierten Gesellschaften
Kapitalflussrechnung	Börsennotierte Gesellschaften (seit KonTraG)	Erforderlich
Segmentberichterstattung	Börsennotierte Gesellschaften (seit KonTraG) (nur Umsatz)	Börsennotierte Gesellschaften

Abbildung 8: Anforderungen von HGB und US-GAAP/IAS bezüglich Veröffentlichung

Bei einer tiefer gehenden Analyse in Hinblick auf die Eignung der beiden Rechnungslegungsstandards für die Neuen Reporting Standards ergeben sich jedoch große Unterschiede. Dies wird deutlich, wenn zuerst das angelsächsische und danach das kontinentale Modell vorgestellt und auf ihre Eignung für die Neuen Reporting Standards überprüft werden.

1.2.2   Britisch-amerikanisches Modell

Britisch-amerikanisches Modell und Neue Reporting Standards

Die internationalen Rechnungslegungsvorschriften weichen in konzeptioneller Hinsicht wesentlich von den Vorschriften des kontinentalen Modells ab.[27] Oberstes Ziel der internationalen Rechnungslegung ist der Schutz der Investoren. US-GAAP und IAS fordern seitens der Unternehmen eine Bereitstellung hinreichend vieler Informationen, so dass sich potentielle Investoren für ihre Anlageentscheidung ein Bild der zukünftigen Entwicklung des Unternehmens machen können. Dies soll im Folgenden anhand des Umfangs, der Bewertungsansätze, der Übereinstim-

---

[27] Für eine detaillierte Gegenüberstellung der Rechnungslegung nach US-GAAP und der nach HGB siehe z.B. Coenenberg (2000) oder Niehus/Thyll (2000).

mung von interner und externer Berichterstattung sowie der zeitlichen Anforderungen dargestellt werden.

Umfang

Die Einbeziehung einer detaillierten Segmentberichterstattung ermöglicht eine Informationsbereitstellung für den Kapitalmarkt hinsichtlich der Tätigkeits- und Geschäftsfelder. Die Verpflichtung zur Veröffentlichung dieser so genannten Segmentinformationen erfordert eine Abstimmung der Daten der Segmentstrukturen mit der legalen Struktur. Durch die notwendige Übereinstimmung sind in angelsächsischen Unternehmen die legale (externe Struktur) und die Segmentstruktur (interne Struktur) traditionell eng verzahnt.

Bewertungsansätze

Die periodengerechte Erfolgsdarstellung und das Fehlen von diversen Bewertungs- und Ansatzwahlrechten unterstützen eine anlegerorientierte Darstellung. Mögliche zeitliche oder wertmäßige Verzerrungen sollen so auf ein Minimum reduziert werden. Die Bewertungsansätze der internationalen Rechnungslegungsvorschriften sind seitens der Neuen Reporting Standards akzeptiert.

Interne und externe Berichterstattung

Die qualitativen und zeitlichen Anforderungen an die interne und externe Berichterstattung sind in Abbildung 9 dargestellt.

Anforderungen		Interne Berichterstattung		Externe Berichterstattung		Deckungs-grad
Qualitative Anforderungen	**Detaillierung**	Gering	Berichtspositio-nen	Hoch	Position mit Bewegung[28]/ Partner	○
	Dimensionen	Hoch	Mehrere gesell-schaftsrechtliche Hierarchien, Segmente bzw. Geschäftsfelder, Märkte, Projekte, Produktgruppen, Kunden	Gering	Eine gesell-schaftsrechtli-che Hierarchie	◔
	Umfang	Hoch	Bilanz, GuV, Kapitalflussrech-nung, Segmente, zzgl. komplexer Kennzahlen	Mittel	Bilanz, GuV, Kapitalfluss-rechnung, Segment-bericht-erstattung	◑
	Genauigkeit	Hoch	Externe Prüfung Segmentbericht-erstattung	Hoch	Externe Prüfung	◕
	Qualität Originärda-ten	Hoch	Gebuchte Daten für Segmentbe-richterstattung	Hoch	Gebuchte Daten	◕
	Veredelung	Mittel	Vereinfachte Konsolidierung	Hoch	Umfangreiche und exakte Konsolidierun-gen	◑
	Motivation	Hoch	Erfüllung interner und externer Bedürfnisse	Hoch	Erfüllung Informations-bedürfnis Stakeholder und gesetzli-chen Anforde-rungen	◕
Zeitliche Anforderungen	**Periodizität**	Hoch	Monatlich	Mittel	Quartal (IAS, US-GAAP)	◑
	Zeitnähe	Hoch	Kurze Frist durch Vorgaben Mana-gement	Gering	Frist U + X Tage (z.B. gemäß SEC-Vorgaben)	◔

Abbildung 9: Vergleich der Anforderungen an die interne und externe Berichterstattung nach US-GAAP/IAS

---

[28] Über Bewegung wird die zeitliche Veränderung auf Bilanzkonten abgebildet. Beispielsweise gibt es Bewegungen über Vortrag, Abschrei-bungen und Zugänge.

Im angelsächsischen Modell ist die Übereinstimmung der Anforderungen in qualitativer und zeitlicher Sicht bis auf die Kontendetaillierung relativ hoch. Der Grund für diesen hohen Deckungsgrad liegt in der Verpflichtung zur Ausweisung einer detaillierten Segmentberichterstattung, die eine enge Abstimmung zwischen interner und externer Berichterstattung erfordert. Wie bereits erwähnt, ist dadurch die legale Struktur und die Segmentstruktur eng abgestimmt.

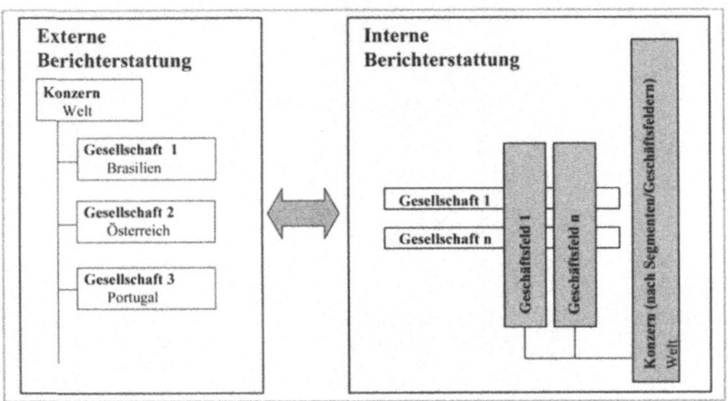

Abbildung 10: Enge Abstimmung zwischen interner und externer Berichterstattung im angelsächsischen Modell

Zeit

Die zeitlichen Standards auf dem Weltkapitalmarkt liegen weit über den Mindestanforderungen der Regelungen der internationalen Rechnungslegung. Als Beispiel hierfür ist die 90-Tage-Frist für die Vorlage des externen Abschlusses zu nennen (US-GAAP). Diese Frist gilt für börsennotierte Aktiengesellschaften, die der Kontrolle der SEC unterliegen.[29] Tatsächlich findet die Veröffentlichung der Abschlüsse vieler Unternehmen schon viel früher statt. Wie in Kapitel 1.1.3 erwähnt, liegt die durchschnittliche Veröffentlichungsdauer bei 13 Tagen.

---

[29] Niehus/Thyll (2000).

US-GAAP/IAS als Voraussetzung zur Erfüllung der Neuen Reporting Standards

Die internationalen Rechnungslegungsstandards US-GAAP/IAS bilden die einheitliche, globale Sprachregelung als Voraussetzung zur Erfüllung der Neuen Reporting Standards. Dennoch ist eine Anwendung dieser Standards nur ein erster notwendiger Schritt zur Annäherung an die Neuen Reporting Standards, da die Anforderungen der Neuen Reporting Standards bezüglich Zeit und Inhalt noch weit über die Mindestanforderungen der internationalen Rechnungslegungsstandards hinaus gehen.

1.2.3   Kontinentales Modell

HGB-Regelungen stellvertretend für das „Kontinentale Modell"

Für das kontinentale Modell wird stellvertretend die deutsche Rechnungslegung auf ihre Eignung zur Erfüllung der Neuen Reporting Standards geprüft. Analog zu den Anforderungen des britisch-amerikanischen Modells wird dies auch hier anhand des Umfangs, der Bewertungsansätze, der Übereinstimmung von interner und externer Berichterstattung sowie der zeitlichen Anforderungen dargestellt.

Unternehmen mit Sitz in Deutschland unterliegen grundsätzlich der Abschlusspflicht nach deutschem Handelsgesetzbuch (HGB). Gemeinsam mit den Grundsätzen ordnungsgemäßer Buchführung (GoB) tragen die Vorschriften des Gesetzgebers dazu bei, ein konservatives Bild der Vermögens-, Finanz- und Ertragslage der Kapitalgesellschaft zu vermitteln. Der externe Abschluss muss für jede einzelne, rechtlich eigenständige Gesellschaft aufgestellt werden.

Die Festsetzung der Steuer beruht auf den Angaben des jeweiligen Einzelabschlusses. Der Gesetzgeber hat dies als Maßgeblichkeitsprinzip verankert. Durch dieses Maßgeblichkeitsprinzip nimmt die Steuergesetzgebung indirekt Einfluss auf den externen Abschluss. Es kann somit nicht, wie in angelsächsischer Darstellung möglich, nur ein geringer Gewinn versteuert werden, aber ein hoher Gewinn dem Aktionär im externen Abschluss ausgewiesen werden. Darüber hinaus leiten sich aus dem externen Abschluss auch Zahlungen wie die Ausschüttung an die Aktionäre (Dividende) ab.

Die das HGB-Regelwerk tragenden Ideen sind somit die Zahlungsbemessungsfunktion für die Ausschüttung an Aktionäre und Finanzbehörden sowie der ausgeprägte Gläubigerschutz. Diese konservative und vorsichtige Darstellung war speziell in Deutschland geprägt durch die traditionelle Bankenorientierung als Refinanzierungsquelle der Unternehmen sowie die auf zwei

Geldentwertungen gründende Vorsicht der deutschen Bevölkerung.

Unternehmensgruppen, die unter den Konzernbegriff des HGB (vgl. § 290 HGB) fallen, erstellen neben dem Einzel- auch einen Konzernabschluss. Die in einem Konzern zusammengefassten, rechtlich selbständigen Unternehmen bilden eine wirtschaftliche Einheit (sog. „Einheitstheorie") und werden bei der Rechnungslegung wie ein einziges Unternehmen behandelt.[30] Der zuvor beschriebene Einfluss der Steuergesetzgebung trifft somit auch auf den Konzernabschluss zu.

Umfang

Ein Kritikpunkt an der Rechnungslegung nach HGB sind die eingeschränkten Anforderungen an die Segmentberichterstattung.[31] Detaillierte Informationen zu den Geschäftsfeldern in Form einer untergliederten und aussagekräftigen Segmentberichterstattung sind nicht veröffentlichungspflichtig. Da es sich bei Konzernen jedoch meist um größere Unternehmen handelt, deren Segmente häufig beachtliche Größenordnungen annehmen, ist eine detaillierte Darstellung für den Investor notwendig. Die nachfolgende Abbildung zeigt, dass in der internationalen Rechnungslegung die Segmentberichterstattung wesentlich umfangreicher als im HGB gefordert.

	HGB §§ 297, 314	US-GAAP 101b, FAS 131	IAS IAS 14
Umfang	• Umsatzerlöse	• Erträge (unterteilt in Innenerträge und Geschäfte mit Externen) • Ergebnis • Vermögen • Schulden • Investitionen • Überleitungsdarstellung der einzelnen Segmente zu Gesamt (Konsolidierung)	

Abbildung 11: Umfang Segmentberichterstattung

---

[30] Vgl. Wöhe (1992, S. 943)

[31] Die Segmentberichterstattung für Konzerne ist erst seit dem In-Kraft-Treten des Bilanzrichtliniengesetzes erforderlich.

Bewertungsansätze

Neben der mangelhaften Informationsbereitstellung für den Kapitalmarkt konzentrieren sich die Einwände gegen die HGB-Regelungen auf die zahlreichen Bewertungs- und Ansatzwahlrechte, welche die Bildung und Auflösung von stillen Reserven ermöglichen. Weiterhin stehen die aus der (umgekehrten) Maßgeblichkeit der HGB-Bilanz für die Steuerbilanz resultieren steuerrechtlichen Verzerrungen in der Kritik.

Das markanteste Beispiel ist die Darstellung des Konzernergebnisses der damaligen Daimler-Benz AG im Jahr 1994.[32] In diesem Jahr hatte die Daimler-Benz AG gemäß HGB ein Ergebnis von 458 Mio. Euro, gemäß US-GAAP jedoch ein Ergebnis von 538 Mio. Euro ausgewiesen. Der Unterschiedsbetrag von 80 Mio. Euro ist sicher nicht unwesentlich, zeigt die tatsächlichen Unterschiede aber nicht vollständig. (Eine mögliche Annäherung der Ergebnisse durch Ausnutzung von Bewertungsspielräumen soll hier nicht weiter diskutiert werden.) Die Differenzen in den Rechnungslegungen werden erst deutlich, wenn die Bilanzierungsunterschiede detailliert analysiert werden. Die Überleitungsrechnung in Abbildung 12 zeigt einen kumulierten Unterschiedsbetrag von 1012 Mio. Euro.

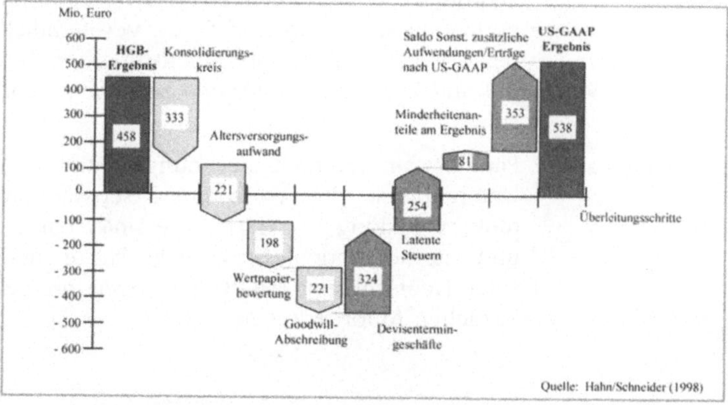

Abbildung 12: Überleitungsrechnung am Beispiel des Daimler-Benz Konzerns 1994

---

[32] Hahn/Schneider (1998).

Diese Betrachtungsweise zeigt die erheblichen Unterschiede der beiden Rechnungslegungen und die bei betriebswirtschaftlich gleichen Rechnungen (hier ein Ergebnis) möglichen Verzerrungen.

Interne und externe Berichterstattung

Die gläubigerorientierten Ansatz- und Bewertungsvorschriften der externen Rechnungslegung im „kontinentalen Modell" schränken eine Nutzung der Unternehmensinformationen für interne Kalkulationen und Entscheidungen oft ein.

Gründe dafür sind

- die fehlende, durchgängige Zahlungsorientierung,

- die fehlende Detaillierung der Segmente oder

- die zeitliche Verzerrung von möglichen Wertsteigerungen durch Niederstwertprinzipien.

Zeit

Die nationalen Regelungen des kontinentalen Modells stellen geringe Anforderungen an die Veröffentlichungsfrist für den externen Abschluss. Die tatsächliche Veröffentlichung der Jahresabschlüsse deutscher Unternehmen erfolgt durchschnittlich innerhalb von 49 Tagen.[33] Diese Veröffentlichungsdauer erreicht bei weitem nicht die der amerikanischen Gesellschaften (13 Tage) und liegt damit unter den zeitlichen Standards des Weltkapitalmarkts.

Konsequenzen Parallel zur externen Rechnungslegung entwickelten deutsche Unternehmen eine vollkommen separate interne Berichterstattung. Abbildung 13 skizziert die Unterschiede zwischen externer und interner Berichterstattung im kontinentalen Modell am Beispiel Deutschlands (HGB) gemessen an den qualitativen und zeitlichen Anforderungen.

---

[33] Siehe Anhang 9.1.

Anforderungen		Interne Berichterstattung		Externe Berichterstattung		Deckungs-grad
Qualitative Anforderungen	**Detaillierung**	Gering	Berichtsposition	Hoch	Position mit Bewegung / Partner	◯
	Dimensionen	Hoch	Mehrere gesellschaftsrechtliche Hierarchien, Segmente bzw. Geschäftsfelder, Märkte, Projekte, Produktgruppen, Kunden	Gering	Eine gesellschaftsrechtliche Hierarchie	◯
	Umfang	Hoch	Bilanz, GuV, Kapitalflussrechnung, Segmente, zzgl. komplexe Kennzahlen	Gering	Bilanz, GuV (Kapitalflussrechnung, eingeschränkte Segmentberichterstattung)	◯
	Genauigkeit	Gering	Keine Externe Prüfung	Hoch	Externe Prüfung	◯
	Qualität der Originärdaten	Gering	Akzeptanz von Schätzdaten	Hoch	Gebuchte Daten	◯
	Veredelung	Gering	Keine bzw. Managementkonsolidierung	Hoch	Umfangreiche, exakte Konsolidierungen	◯
	Motivation	Hoch	Erfüllung interner Informationsbedürfnisse	Gering	Erfüllung legislativer Anforderungen (z.B. HGB)	◯
Zeitliche Anforderungen	**Periodizität**	Hoch	Monatlich	Gering	Jährlich (z.B. HGB)	◯
	Zeitnähe	Hoch	Kurze Frist durch Vorgaben des Managements	Gering	Frist U + X Tage (z.B. HGB)	◯

Abbildung 13: Vergleich der Anforderungen an die interne und externe Berichterstattung nach HGB

Ein Vergleich mit Abbildung 9 zeigt, dass im kontinentalen Modell die Übereinstimmungen wesentlich geringer sind als im angelsächsischen Modell. Diese Unterschiede haben auch dazu geführt, dass sich im kontinentalen Modell der externe Abschluss und die interne Berichterstattung als getrennte Institutionen ent-

wickelt haben.[34] In Abbildung 14 soll dies durch die „Mauer"
zwischen beiden Berichterstattungen angedeutet werden, die für

- getrennte Abteilungen,

- getrennte Verfahren und

- getrennte Prozesse

steht.

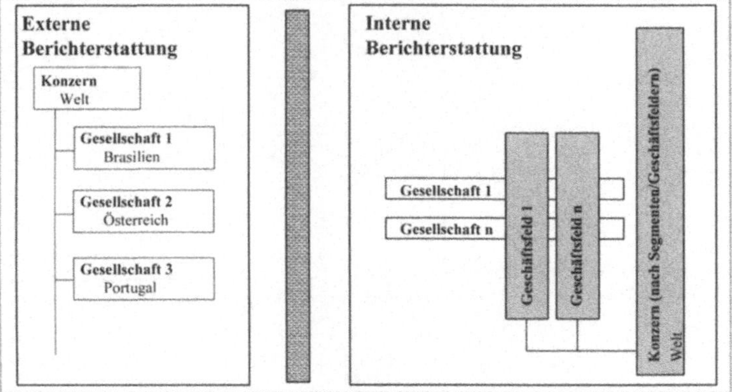

Abbildung 14: Getrennte Institutionen für die interne und exter-
ne Berichterstattung im kontinentalen Modell

Die Trennung von interner und externer Berichterstattung stellt
ein erhebliches Hindernis für die kontinentalen Unternehmen
dar, das im Zuge der Anpassung an die Neuen Reporting Standards überwunden werden muss.

Harmonisierung

*Veränderung
der kontinenta-
len Rechnungs-
legung*

Der Entschluss der Daimler Benz AG, Aktien an der NYSE zu
platzieren und die hierauf folgende Ablehnung der amerikanischen Börsenaufsicht, den deutschen externen Abschluss als
Grundlage für die amerikanische Börsenzulassung zu akzeptie-
ren, war der Auslöser für die Annäherung des kontinentalen an
das angelsächsische Modell. Zum damaligen Zeitpunkt war ein
deutsches Unternehmen noch gezwungen, falls es an der NYSE

---

[34] Schuler/Kammer (2001).

seine Aktien listen lassen wollte, zusätzlich zum deutschen Abschluss nach HGB einen Abschluss nach US-GAAP zu erstellen.

Darauf hat der deutsche Gesetzgeber 1996 mit dem Kapitalaufnahmeerleichterungsgesetz reagiert. Das KapAEG befreit von der Aufstellungspflicht des HGB Konzernabschlusses unter der Voraussetzung, dass ein (von Wirtschaftsprüfern) testierter Konzernabschluss nach den internationalen Rechnungslegungsstandards US-GAAP/IAS vorliegt. Anzumerken ist hier die zeitliche Befristung des Gesetzes bis zum 31.12.2004. Der provisorische Charakter wurde bewusst gewählt, da bis zu diesem Zeitpunkt das HGB auch offiziell an die internationalen Rechnungslegungsstandards angeglichen werden soll.

In der jüngeren Vergangenheit wurden in Deutschland vom Gesetzgeber weitere Maßnahmen ergriffen, um eine Annäherung von HGB-Regelungen an US-GAAP/IAS zu forcieren und einen Übergang zu erleichtern.

Gesetzes-
novellen und
-änderungen

Zu den jüngsten Gesetzesnovellen und -änderungen sowie Zulassungsbedingungen zählen:

- Die Verpflichtung zur Aufnahme der Kapitalflussrechnung und Segmentberichterstattung in den Konzernanhang (§ 297 (1) HGB). Dies bedingt eine Annäherung von externer und interner Berichterstattung, weil für die Segmentberichterstattung Informationen aus der internen Berichterstattung in die externe Rechnungslegung zu transferieren sind.[35]

- Die Befreiung vom Konzernabschluss bei Vorlage eines testierten Abschlusses nach IAS oder US-GAAP (§ 292a HGB). Somit ist die Aufstellung nicht mehr ein freiwilliger Zusatz zu einem Konzernabschluss nach HGB, sondern gleichwertiges Substitut.

- Die Änderungen von Rahmenbedingungen aus dem KonTraG (v.a. die Ergänzung eines Risikoreporting).

- Die Relevanz von Konzernbilanzen für typische Mittelstandsrechtsformen wie die GmbH&Co.KG (KapCoRiLiG).

- Die Zulassungsbedingung IAS oder US-GAAP für das Marktsegment „Neuer Markt" (gilt seit Gründung im Jahre 1997).

---

[35] Vgl. Haller/Park (1999, S. 59 f.); Löw (1999, S. 92); Siener (1998, S. 30).

Mit diesen Gesetzesänderungen wurden die notwendigen Voraussetzungen für eine Annäherung an internationale Rechnungslegungsstandards geschaffen. Die Tatsache, dass zum 31.12.1999[36] bereits 24 der DAX 30 Unternehmen auf Konzernebene freiwillig entweder nach US-GAAP oder IAS bilanzierten, zeigt die aktive Annäherung der deutschen Unternehmen an das angelsächsische Rechnungslegungsmodell.

Die Umstellung der Rechnungslegung auf internationale Rechnungslegung mit der Forderung der zeitnahen Segmentberichterstattung trägt bereits zur Zusammenführung von externer und interner Berichterstattung bei. Abbildung 15 zeigt diese Annäherung.

Anforderungen		Interne Berichterstattung		Externe Berichterstattung		Annäherung
		vor*	nach*	vor*	nach*	
Qualitative Anforderungen	Detaillierung	Gering		Hoch		—
	Dimensionen	Hoch		Gering		—
	Umfang	Hoch		Gering → Mittel		Ja
	Genauigkeit	Gering → Hoch		Hoch		Ja
	Qualität Originärdaten	Gering → Hoch		Hoch		Ja
	Veredelung	Gering → Mittel		Hoch		Ja
	Motivation	Hoch		Gering → Hoch		Ja
Zeitliche Anforderungen	Periodizität	Hoch		Gering → Mittel		Ja
	Zeitnähe	Hoch		Gering		—
* Umstellung auf die internationale Rechnungslegung						

Abbildung 15: Anforderungen vor und nach der Umstellung auf die internationale Rechnungslegung

---

[36] Konzernabschlüsse, denen ein am 31.12.1999 oder früher endendes Geschäftsjahr zu Grunde liegt.

1.2.4   Notwendigkeit der Harmonisierung als ein Element der Integration

In den vorangehenden Abschnitten wurden die Unterschiede zwischen dem angelsächsischen und dem kontinentalen Modell dargestellt. Im Folgenden wird die Erfüllung der Neuen Reporting Standards nur noch auf Basis der internationalen Rechnungslegung diskutiert, da das kontinentale Modell so grundlegend abweichend ist, dass es als Basis ungeeignet erscheint. Selbst eine theoretisch mögliche, schnelle Bereitstellung und inhaltlich detaillierte Darstellung der Daten gemäß des kontinentalen Modells wird nur schwerlich zur Erfüllung der Neuen Reporting Standards führen können.

Die internationale Rechnungslegung weist bereits einen sehr hohen Deckungsgrad von interner und externer Berichterstattung bei fast allen Kriterien auf. Eine Ausnahme bildet allerdings die Detaillierung der Konten für die Erfassung konsolidierungsrelevanter Informationen. Dies wird in der nachfolgenden Grafik illustriert.

Anforderungen		Interne Berichterstattung		Externe Berichterstattung		Deckungsgrad
Anforderung	Detaillierung Konten	Gering	Berichtspositionen	Hoch	Position mit Bewegung / Partner	◯

Abbildung 16: Auszug aus der Gegenüberstellung von interner und externer Berichterstattung nach US-GAAP/IAS

Die interne Berichterstattung ermittelt v.a. Zahlen zur Steuerung und Kontrolle der Segmente bzw. Geschäftsfelder. Hierfür werden auch Finanzdaten verwendet, deren Inhalt mit den Informationen der externen Berichterstattung identisch oder inhaltlich überleitbar ist. Die Überlegungen zu Harmonisierung und Integration beziehen sich auf diese Informationen. Abbildung 17 grenzt den Harmonisierungsbedarf innerhalb der internen Berichterstattung ab.

Im Gegensatz zur externen Berichterstattung werden in der internen Berichterstattung meistens keine detaillierten Konsolidierungsinformationen wie Partnerinformationen, aus denen eine Konsolidierungsrelevanz ersichtlich ist, gesammelt. Die externe Berichterstattung benötigt dagegen keine Segmentdaten wie die Untergliederung in Geschäftsfelder.

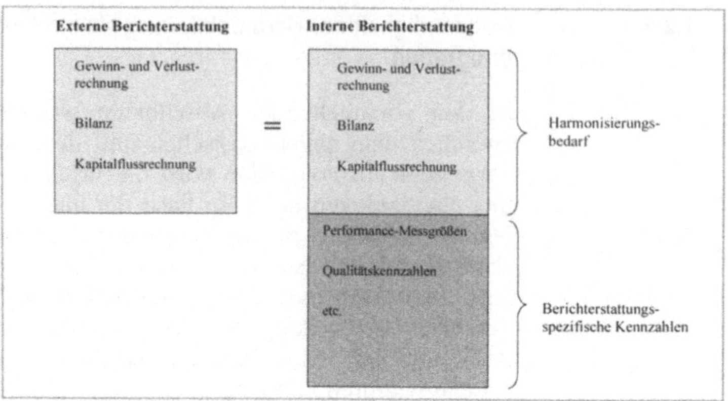

Abbildung 17: Harmonisierungsbedarf zwischen interner und externer Berichterstattung

Am Beispiel des Umsatzkontos soll die Thematik exemplarisch erläutert werden. Sowohl die interne als auch externe Berichterstattung führen die Berichtsposition Umsatz. Auf allen hierarchischen Ebenen müssen die Inhalte, d.h. Werte, der Position Umsatz konsistent sein. Infolge der unterschiedlichen Zielsetzungen beider Berichterstattungen ist die detaillierte Kontenstruktur jedoch unterschiedlich.

In der internen und der externen Berichterstattung werden die Buchungsinformationen auf Positionen beziehungsweise Konten gebucht, wobei die jeweilige Erfassungstiefe unterschiedlich ist. Werden die Daten in der externen Berichterstattung auf Ebene Gesellschaft erfasst, so erfolgt die Erfassung der Daten intern detaillierter auf Ebene Geschäftsfeld oder tiefer (z.B. auf Ebene Produkt). Insofern ergibt sich die Notwendigkeit, im Rahmen einer Harmonisierung eine Überleitung bzw., wenn möglich, eine Eindeutigkeit der Konten von interner und externer Berichterstattung herbeizuführen.

Innerhalb der externen Berichterstattung werden für die korrekte Konsolidierung nicht nur Angaben über die Konten benötigt, sondern zusätzlich dem Geschäftsvorfall zugrunde liegende Partnerangaben. Dagegen kennt die interne Berichterstattung in der Regel keine detaillierte Konsolidierung im Sinne des externen Abschlusses, sondern nur eine vereinfachte oder Managementkonsolidierung. Das Problem der Überleitbarkeit von Konten hinsichtlich der unterschiedlichen mitgelieferten Informationen wird mit Abbildung 18 verdeutlicht.

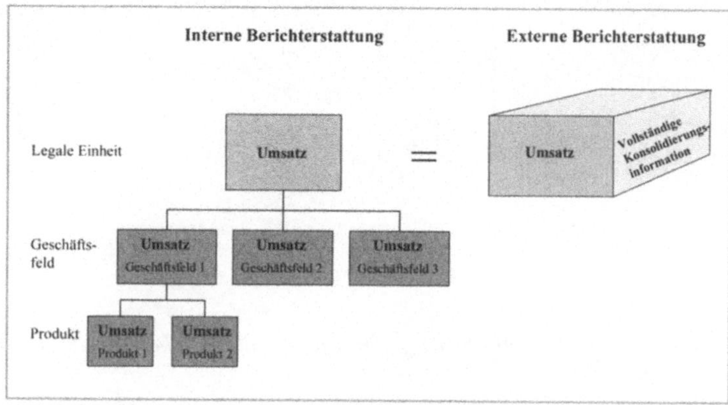

Abbildung 18: Überleitbarkeit von Konten der internen und externen Berichterstattung

Zur Harmonisierung von interner Berichterstattung und externem Abschluss ist eine eindeutige Überleitbarkeit der Konten erforderlich. Aus Vereinfachungsgründen werden im Folgenden die Konsolidierungsinformationen (Partner, Bewegung) und Geschäftsfeldinformationen (Geschäftsfeld, Produkte), auch Tiefengliederung genannt, zweidimensional auf Basis einer eindeutig überleitbaren Kontenstruktur dargestellt. In der Praxis wird die Überleitbarkeit zusätzlich durch eine unterschiedliche Detaillierung der verwendeten Konten erschwert.

Wie die Abbildung 19 deutlich macht, werden durch eine reine Überleitbarkeit der Konten nicht alle Informationen abgebildet.

Harmonisierung

Zur Schließung der Informationslücke, ist es notwendig, Konsolidierungsinformationen in der Tiefengliederung mitzuliefern und so auch auf unterster Ebene Informationen zur Konsolidierung zu verwenden. Dabei muss sichergestellt werden, dass ausreichend Konsolidierungsinformationen in der internen Berichterstattung für eine vereinfachte Konsolidierung erfasst werden, die einen Abgleich der internen und externen Berichterstattung auf Stufe Konzern zulässt (vgl. Abbildung 20).

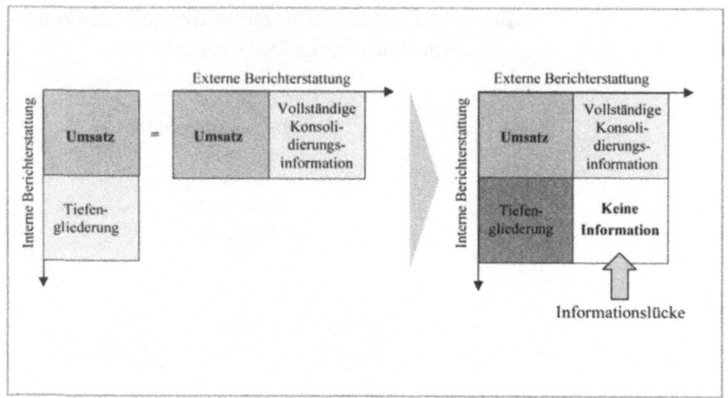

Abbildung 19: Informationslücke bei reiner Kontenüberleitung

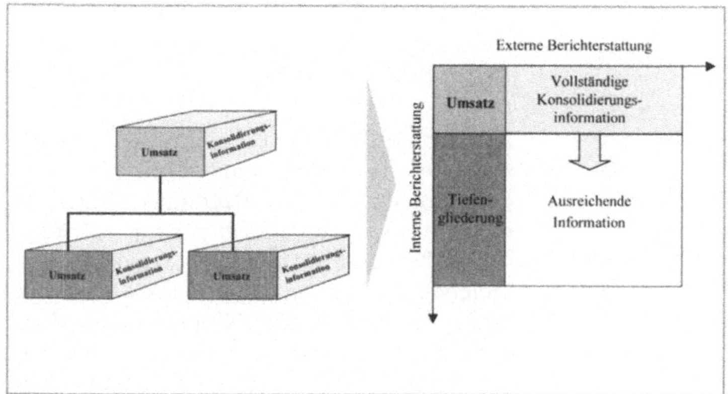

Abbildung 20: Ausreichendes Schließen der Informationslücke durch Harmonisierung

Das wesentliche Unterscheidungsmerkmal zur vollständigen Harmonisierung besteht darin, dass die Konsolidierungsinformationen in der Detaillierung aggregierter sein können. Ebenso ist eine Erfassung nicht zwangsläufig auf unterster Ebene der Segmentstruktur erforderlich, sondern nur auf der Stufe, auf der ein Abgleich stattfinden sollte. Dies ist in der Praxis oftmals das Arbeitsgebiet/Segment und nur vereinzelt das Geschäftsfeld.

Vollständige Harmonisierung

Wird diese Informationslücke vollständig geschlossen, wird von einer vollständigen Harmonisierung gesprochen. Bei einer vollständigen Harmonisierung werden alle Positionen – betriebswirtschaftlich gleich oder exakt überleitbar – der internen und externen Berichterstattung nur einmal erfasst (vgl. Abbildung 21). Die Erfassung erfolgt auf der für die interne Berichterstattung benötigten tiefsten Ebene der Segmentstruktur (Tiefengliederung) mit vollständigen Konsolidierungsinformationen.

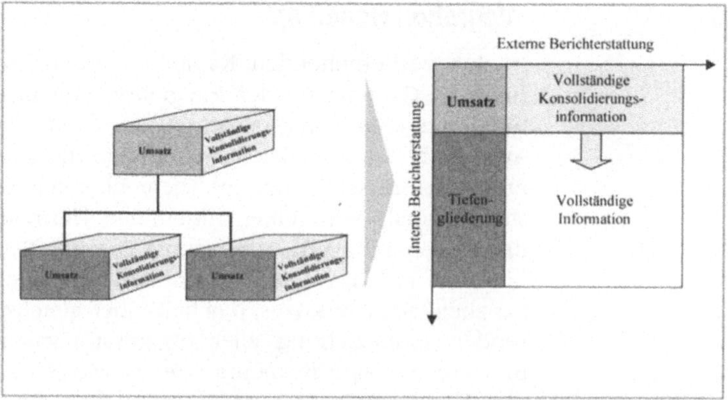

Abbildung 21: Vollständiges Schließen der Informationslücke durch vollständige Harmonisierung von interner und externer Berichterstattung

Nach Erfahrung der Autoren ist diese vollständige Harmonisierung in der Praxis kaum realisiert und bedeutet einen sehr hohen Aufwand mit tiefen Veränderungen auch bei den dezentralen Konzerneinheiten. Für eine Integration ist diese vollständige Harmonisierung keine zwingende Voraussetzung.

Notwendigkeit zur Integration Die Harmonisierung ist nur ein Element eines integrierten Berichtswesens. Im harmonisierten Zustand sind die Prozesse, Verfahren und Organisation noch nicht zwangsläufig integriert. Die Harmonisierung bedeutet lediglich, dass ein inhaltlicher Abgleich zwischen interner und externer Berichterstattung stattfindet.[37]

---

[37] Bei einer vollständigen Harmonisierung erübrigt sich dieser Abgleich, da alle für die externe Berichterstattung relevanten Positionen inklusive vollständiger Konsolidierungsinformation auf tiefster Ebene der Tiefengliederung erhoben werden und somit intern wie extern nur noch eine Position besteht.

Zur Erreichung der Neuen Reporting Standards, besonders bezüglich der Abschlusszeitverkürzung, ist eine Verzahnung der Prozesse, Verfahren und Organisation notwendig. Folglich ermöglicht erst die ganzheitliche Gestaltung im Rahmen der Integration die Bewältigung der neuen globalen Anforderungen.[38]

1.3   Integration Roadmap

In den vorhergehenden Kapiteln wurden mit der Harmonisierung die Grundlagen der Integration von interner Berichterstattung und externem Abschluss entwickelt. Nach Erfahrung der Autoren findet in vielen Unternehmen die Diskussion der Integration fast ausschließlich im Themenbereich der Harmonisierung statt. Oftmals wird eine vollständige Harmonisierung diskutiert und deren mögliche Umsetzung geprüft. Es sei jedoch darauf hingewiesen, dass eine Integration nur unter Anwendung des ganzheitlichen Ansatzes, das heißt, der gleichzeitigen und umfassenden Einbeziehung aller organisatorischen, technologischen und prozessualen Elemente erreicht werden kann. Eine vollständige Harmonisierung in isolierter Betrachtungsweise, wie sie oftmals in rein funktionaler Perspektive erfolgt, kann nicht zur notwendigen Integration führen, da die Harmonisierung nur ein Element der Integration Roadmap darstellt. Dieses Kapitel stellt die Integration Roadmap vor und definiert Stufen, auf denen schrittweise die Integration erreicht werden kann.

Aufgrund ihrer Komplexität ist eine Integration bzw. eine vollständige Integration – im weiteren als Vollintegration bezeichnet – in einem global tätigen, komplexen Konzern kaum in einem Schritt möglich. Um den reibungslosen Übergang zu gestalten, müssen Zwischenstufen identifiziert werden, die eine schrittweise Annäherung an die Integration ermöglichen.

In der Literatur werden die Harmonisierung und Integration schon seit geraumer Zeit diskutiert.[39] Bisher wurde jedoch noch keine praxisgerechte Untergliederung in Kriterien sowie eine Gruppierung dieser Kriterien zu skalierbaren Integrationsschritten festgelegt. Die nachfolgende Integration Roadmap nimmt erst-

---

[38] Für eine Diskussion von Harmonisierung und Integration siehe Schuler/Kammer (2001).

[39] Vgl. z.B. Horváth/Arnaout (1997) oder Currle et al. (1998).

mals eine praxisorientierte Ordnung verschiedener Integrationsschritte vor.

In der Praxis hat sich neben der Trennung von interner und externer Berichterstattung häufig eine zusätzliche Trennung nach inhaltlichen und zeitlichen Aspekten ergeben. Diese weiteren Trennungen sind vor allem in der internen Berichterstattung sehr ausgeprägt.

Eine Trennung inhaltlicher Natur wurde unter anderem durch folgende Umstände begünstigt:

- Ausprägung der betriebswirtschaftlichen Inhalte

- unterschiedliche Adressatenkreise bezüglich thematischer Weiterverarbeitung

- technische Restriktionen, um alle Inhalte in einer DV-Applikation abzubilden

Eine Trennung in zeitlicher Hinsicht wurde häufig gefördert durch:

- Vorabinformationsbedürfnis der Konzernleitung

- unterschiedliche Verfügbarkeit der Daten in den lokalen Einheiten

1.3.1   Definition der Integration Roadmap

Die Integration Roadmap gliedert sich in 6 Stufen, die wiederum in Zusammenführung, Integration und Vollintegration, gruppiert werden. Die drei Vorstufen der Zusammenführung sind zur Erfüllung der Neuen Reporting Standards nicht ausreichend, wurden aber dennoch bewusst detailliert aufgenommen. Denn nach Erfahrung der Autoren befindet sich eine Mehrzahl der Unternehmen, insbesondere die Unternehmen des kontinentalen Modells, noch in diesem Stadium. Die weitere detaillierte Darstellung wird eine Positionierung der individuellen Unternehmen ermöglichen und die Ableitung des individuellen Handlungsbedarfs erlauben.

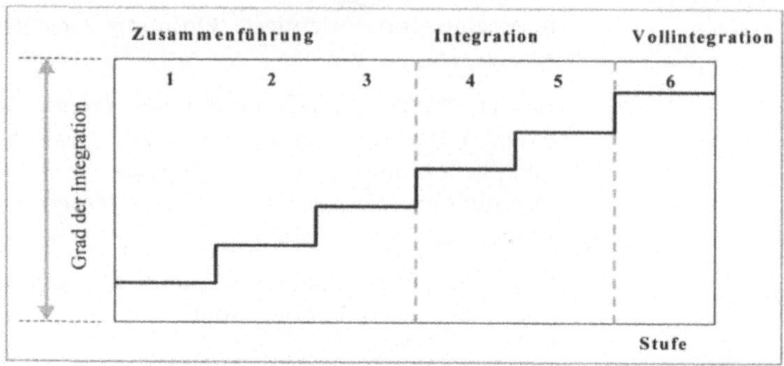

Abbildung 22: Integration Roadmap

1.3.2   Kriterien der Integration Roadmap

Im Folgenden werden ausgewählte Kriterien zur Bestimmung des Grades der Integration erklärt.

- *Termin*: Die Zeitpunkte, zu denen Datenlieferungen erfolgen, ist ein entscheidender Faktor für den Grad der Integration. Fallen die Termine für interne und externe Berichterstattung auseinander, besteht die Gefahr von Differenzen. Verstärkt wird dieses Problem dadurch, dass bei der internen Berichterstattung häufig zu mehreren Zeitpunkten Daten erhoben werden. Die Datenerhebung zu einem einzigen Termin sichert die Konsistenz der dezentral erhobenen Daten und ist Voraussetzung für die Integration.

- *Datenbasis:* Die Integration setzt eine gemeinsame Datenbasis aus gebuchten Originärdaten voraus. Wird z.B. eine Vorabdatenlieferung zur frühzeitigen Bereitstellung von Managementinformationen erstellt, setzen diese Auswertungen oft nicht auf der gebuchten Datenbasis, sondern auf Schätzungen auf. Der später auf den gebuchten Daten basierende Wert, wird in der Regel abweichen. In diesem Fall kann nicht von einer Integration gesprochen werden.

- *Datenlieferungen:* Das Schlüsselkriterium für eine Vollintegration ist, ob ein Konto der internen und externen Berichterstattung nur einmal bebucht wird. Dies setzt voraus, dass der Vorgang auf der tiefsten Segmentebene der internen Berichterstattung mit allen für den Abschluss relevanten Konsolidierungsinformationen erfasst wird. Dies erfordert eine vollständige Harmonisierung. Für eine Integration ist der Abgleich durch eine Harmonisierung vollkommen ausreichend. In diesem Fall werden physikalisch zwei Konten mit abgeglichenem Inhalt und somit zwei Datenlieferungen geliefert. Falls mehr als zwei Datenlieferungen erfolgen, ist die interne und externe Berichterstattung in sich noch nicht integriert.

- *Abläufe:* Die Anzahl der unterschiedlichen Ablaufprozesse ist eine Messgröße für die Standardisierung und Annäherung der Geschäftsprozesse von interner und externer Berichterstattung. Die Integration der Abläufe ist in der Praxis oftmals am schwierigsten zu gestalten. Bei zunehmender Integration ist daher zu differenzieren nach einer Integration (z.B. der Verarbeitungsschritte) bis zur legalen Einheit und bis zum Konzern (integrierte Konsolidierung).

- *Validierung:* Die Validierungen werden in diesem Zusammenhang als Überprüfungen der internen und externen Berichterstattung verstanden. Die automatischen Validierungen setzen das Vorhandensein eines gemeinsamen Systems voraus, da nur dann eine Weiterverarbeitung von fehlerhaften Daten unterbunden werden kann. Eine Automatisierung der Validierungen setzt eine Integration der Abläufe voraus.

- *Konsolidierungshierarchie:* Für die Abstimmung der internen und externen Berichterstattung ist eine gemeinsame Abstimmungshierarchie notwendig. Eine gemeinsame Konsolidierungshierarchie ist in der Praxis sehr schwer zu realisieren. Oftmals stimmen aus steuerlichen oder legalen Gründen die Strukturen der internen und externen Berichterstattung nicht überein. Beispielsweise werden bei kartellrechtlich genehmigungspflichtigen Zukäufen diese Einheiten in der internen Berichterstattung schon gezeigt, ehe die Genehmigung erteilt wurde. Eine weitere Unterscheidung sind die Konsolidierungsstufen. In der externen Berichterstattung konsolidieren größere Konzerne oft über so genannte Teilkonzerne. In der internen Berichterstattung ist diese Stufe nicht relevant und auch nicht bekannt.

- *Kontenpläne:* Unter Kontenplänen wird eine konzernweit einheitliche Definition der betriebswirtschaftlichen Inhalte nach Vorgabe der Konzernrichtlinien verstanden. Dies betrifft nicht die in den lokalen Vorsystemen verwendeten Kontenpläne, die häufig nach lokalen legislativen und steuerrechtlichen Ausprägungen gestaltet sind. In der Praxis sind häufig eine Vielzahl von Kontenplänen sowohl in interner als auch in externer Berichterstattung zu finden, die nach unterschiedlichen Kriterien wie Inlands- und Weltkontenpläne sowie unterschiedlicher Nutzer- oder Themenkreise individuell gegliedert sind. Um von einer Integration sprechen zu können, muss zumindest ein global einheitlicher Kontenplan nach Konzernrechnungsrechtlinien für interne und externe Berichterstattung mit einer eindeutigen Überleitung zu gemeinsamen Abgleichkonten vorliegen.

- *Erfassungsebene für Konsolidierungsinformation:* Die Erfassungsebene für die vollständigen Konsolidierungsinformationen, die für die externe Berichterstattung benötigt werden, ist bis zur vollständigen Integration die legale Einheit bzw. die Gesellschaft. Auf unteren Ebenen der Tiefengliederung (z.B. Geschäftsfeldern) werden keine oder nur reduzierte Konsolidierungsinformationen erfasst. Ab der vollständigen Integration ist die Erfassungsebene für die Konsolidierungsinformationen die unterste Ebene der internen Berichterstattung.

- *Segmentkonsolidierung:* Mit Segmentkonsolidierung ist hier die Konsolidierung über die Hierarchie der Geschäftsfelder, der so genannten Segmentstruktur gemeint. Die Varianten reichen von der Bruttodarstellung ohne Konsolidierung über die Managementkonsolidierung (Konsolidierungseliminierung ohne Abgleich zur externen Konsolidierung), die vereinfachte Konsolidierung (Abgleich zur externen Konsolidierung) bis zur vollständigen Konsolidierung nach Ansprüchen der externen Berichterstattung. Von einer Integration kann ab der Stufe vereinfachte Konsolidierung gesprochen werden, da hier durch Abgleich der Konsolidierungseliminierung sichergestellt ist, dass die Summen der internen und externen Berichterstattung auf Stufe Konzern Welt übereinstimmen.

- *Systeme* beinhalten die Unterscheidung nach der Anzahl der notwendigen IT-Verfahren. Zur Sicherstellung der Integrität der Daten für die interne und externe Berichterstattung ist die Verwendung einer gemeinsamen Datenbasis Voraussetzung.

- *Aufbauorganisation:* Mittels Aufbauorganisation werden die Stufen anhand des Grades der Prozessorientierung differenziert. Seitens der Autoren wird die Meinung vertreten, dass nur durch eine prozessbasierte Organisation ein ausreichender Integrationsgrad erreicht werden kann.

Integrations- stufen	Zusammenführung			Integration		Vollinte- gration
	1	2	3	4	5	6
Harmonisierung	Keine Harmonisierung			Harmonisierung		Vollständige Harmonisie- rung
Termin	2 oder mehrere Daten- erhe- bungen	Mehrere Daten- erhe- bungen	2 Datener- hebungen	Eine Daten- erhebung	Eine Daten- erhebung	Eine Daten- erhebung
Datenbasis[40]	Getrennt	Getrennt	Gemein- sam	Gemein- sam	Gemein- sam	Gemeinsam
Datenlieferung	>2	>2	>2	=2	=2	1
Abläufe	Mehrere	2 oder mehrere	2 oder mehrere	2, komplett integriert bis Gesell- schaft	2, komplett integriert bis Konzern	1 für interne und externe Bericht- erstattung
Validierung	Keine Abstim- mung	Manuelle Abstim- mung auf Gesell- schaft, Konzern- ebene	Manuelle Abstim- mung auf Gesell- schaft, Konzern- ebene	Automa- tische Validie- rung auf Gesell- schaft, manuelle auf Konzern- ebene	Automa- tische Validie- rung auf Konzern- ebene	Keine Validierung notwendig
Konsolidierungs- hierarchie	Keine überleit- baren Struk- turen	Zwei Struk- turen überleit- bar	Zwei Struk- turen überleit- bar	Eine Abgleich- struktur	Eine Abgleich- struktur	Eine Struktur
Kontenplan	Separate Konten- pläne ohne eindeu- tige Überlei- tung	Separate Konten- pläne ohne eindeu- tige Überlei- tung	Separate Konten- pläne ohne eindeu- tige Überlei- tung	Separate Konten- pläne mit eindeu- tiger Überlei- tung	Separate Konten- pläne mit eindeu- tiger Überlei- tung	Ein Kontenplan
Erfassungsebene für Konsolidierungs- information	Legale Einheit	Legale Einheit	Legale Einheit	Legale Einheit	Legale Einheit	Strate- gisches Geschäfts- feld
Segment Konsolidierung	Brutto- darstel- lung	Brutto- darstel- lung	Manage- ment- konso- lidierung	Verein- fachte Konsoli- dierung (MR)	Verein- fachte Konsoli- dierung (MR)	Konsolidiert über Bewegung Partner
Systeme	>1	>1	1	1	1	1
Aufbauorganisation	Interne Bericht.: IT, Fachabt. Externe Bericht.: IT, Fachabt.	Interne Bericht.: IT, Fachabt. Externe Bericht.: IT, Fachabt.	Interne und externe Bericht.: IT, Fachabt.	Fach: Prozess- orientiert IT: Prozess- orientiert	Fach: Prozess- orientiert IT: Prozess- orientiert	Fach: Prozess- orientiert IT: Prozess- orientiert

Dimensionen des ganzheitlichen Ansatzes (Zeilenbeschriftung links)

Abbildung 23: Kriterien und Messgrößen zur Bestimmung der Integrationsstufe im Integration Roadmap

Zusammen- führung

Integrationsstufe 1 stellt die Ausgangslage mit der klassischen Trennung der internen und externen Berichterstattung dar. Die

---

[40] Eine getrennte Datenbasis erlaubt die Verwendung von Schätzdaten für die interne Berichterstattung. Bei einer gemeinsamen Datenbasis können nur gebuchte Daten für die interne und externe Berichterstattung verwendet werden.

Überleitbarkeit der Strukturen in Stufe 2 ermöglicht die Abstimmung zwischen interner und externer Berichterstattung, so dass ein erster Schritt hin zur Integration stattfindet. In Stufe 3 erfolgt die Abbildung in einem System und die Zusammenlegung der Fachbereiche. Damit können Validierungen wesentlich schneller durchgeführt und Fehlerquellen reduziert werden, so dass eine Annäherung sowohl an die zeitlichen als auch inhaltlichen Anforderungen stattfindet. Die ersten 3 Stufen sind notwendige Vorstufen zur Integration, ohne dass hier bereits von einer Integration gesprochen werden kann.

Integration

Stufe 4 bringt den Übergang auf eine Konsolidierungsstruktur, die automatische Validierung auf Gesellschaftsebene und die jeweilige Prozessintegration mit sich, so dass eine weitgehende Integration in zeitlicher als auch inhaltlicher Sicht möglich ist. Dieser Integrationsgrad wird in Stufe 5 mit der automatischen Validierung auf Konzernebene noch erhöht. Der Übergang von Stufe 5 auf die Stufe 6 bedeutet schließlich das Erreichen der Vollintegration.

Vollintegration vs. Integration

Die Vollintegration ist das theoretische Idealziel, das aber nicht von jedem Unternehmen kurz- bzw. mittelfristig erreicht werden kann. Gerade bei komplexen Matrix-Konzernstrukturen in einer sich stark verändernden Unternehmenslandschaft ist dies nicht oder nur schwer zu erreichen. Deshalb liegt der Fokus dieses Buches auf den mit vertretbarem Aufwand realisierbaren Stufen 4 und 5. Mit der Umsetzung dieser Stufen kann ein hoher Grad der Integration relativ schnell erreicht werden, ohne die aufwendige Einbindung der Vorsysteme vornehmen zu müssen.

Integration und Neue Reporting Standards

An den Kapitalmärkten etablieren sich Neue Reporting Standards, die eine Integration von interner und externer Berichterstattung erfordern. Deshalb ist es notwendig, sich an den Neuen Reporting Standards zu orientieren und die Integration durchzuführen. Dieses kann schrittweise und aufwandsvertretbar entsprechend der präsentierten Integration Roadmap realisiert werden. In Abbildung 24 werden die einzelnen Integrationsstufen in einen Integrationspfad eingeordnet.

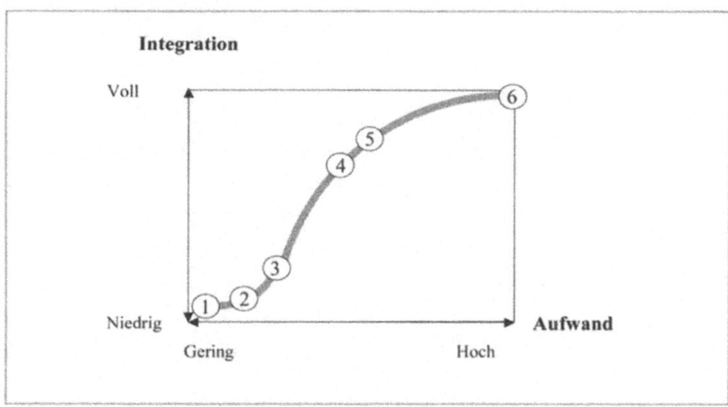

Abbildung 24: Integrationspfad

*Effizienz-
gewinne*

Die Integration verspricht Effizienzgewinne durch eine Verringerung der Bearbeitungszeiten, durch die Synchronisierung von
Prozessen und durch die Beseitigung von Datenredundanzen.
Des Weiteren werden Inkonsistenzen bereinigt und die Datenin-
tegrität sichergestellt.

*Effizientes
Reporting*

**Effizientes Reporting wird im Folgenden verstanden als
Berichterstattung unter der Voraussetzung einer Integration der traditionellen externen Rechnungslegung und des
internen Berichtswesens zu Reporting.**

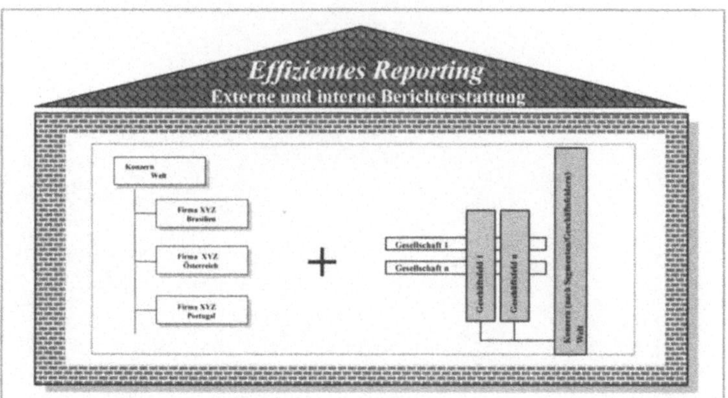

Abbildung 25: Integration des Berichtswesens

Das ganzheitliche Umsetzungskonzept für ein effizientes eReporting

Kapitel 2 zeigt zunächst die Bedeutung der Informationstechnologie und definiert den Begriff effizientes eReporting. Anschließend werden die mit einem ganzheitlichen Umsetzungskonzept erreichbaren Effizienzpotentiale diskutiert. Dabei wird auch die zentrale Rolle des Konzerndatenpools für die Effizienzgewinne beschrieben. Abschließend wird ein Ansatz zur Softwareauswahl vorgestellt, mit dessen Hilfe eine für eReporting geeignete Software gefunden werden kann.

2.1 Bedeutung der Informationstechnologie

Internet und der eSprung

Seit Mitte der neunziger Jahre erfährt das Internet einen weltweiten „Boom". Die daraus resultierenden Veränderungen werden im Folgenden als eSprung bezeichnet. Das anfangs vor allem in den USA ausgebaute Netz wird mittlerweile in rasant steigendem Maße von kommerziellen und privaten Anwendern global genutzt. Der immense technische Fortschritt verbesserte nicht nur in immer kürzer werdenden Abständen die Übertragungszeiten von Daten sowie die Rechner- und Durchsatzleistungen, sondern auch die Stabilität und Dichte der internationalen Vernetzung, was anhand der exponentiell steigenden Anzahl der „Hosts"[41] zu sehen ist (vgl. Abbildung 26). Diese Entwicklungen und ein ausgereifter Sicherheitsstandard gaben dem Internet einen völlig neuen Stellenwert als verlässliches, weltweit verfügbares und stabiles Kommunikationsmedium.

Internet und Intranet

Auch weltweit agierende Unternehmen haben begonnen, das Internet für ihre Belange zu nutzen. So besteht die Möglichkeit einer Vernetzung von weltweit verteilten Firmensitzen über das Internet in einem unternehmensweiten Intranet. Dies ist insbesondere für den gemeinsamen Zugriff und die Nutzung von Daten und Informationen in Echtzeit von Bedeutung. Durch die Nutzung dieser Plattform ist es möglich, Informationen nur an

---

[41] „Hosts" (Rechner, die Internetdienste bereitstellen)

einer Stelle im Konzern abzulegen, jedoch über Inter- oder Intranet an jeder Stelle im Unternehmen unmittelbar nutzen zu können.

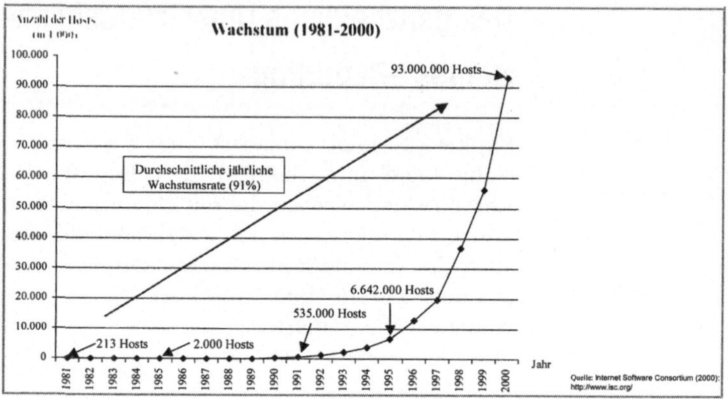

Abbildung 26: Wachstum des Internets am Beispiel der Hosts

Verbreitung des Internets

Der globale Siegeszug des Internets mit einem rasanten Anstieg der Hosts von 213 (1981) auf über 90 Mio. (2000),[42] was einer jährlichen Verdoppelung entspricht, lässt sich auf mehrere Vorzüge zurückführen. Dazu zählen:

- die Überwindung räumlicher Distanzen und nationaler Grenzen in Echtzeit

- die permanente und individuelle Abrufbarkeit von Informationen

- die Plattformunabhängigkeit, die eine Nutzung heterogener Netzwerke erlaubt

- die Offenheit gegenüber verschiedenen Medien zur multimedialen Darstellung

- die Flexibilität der Unternehmensnetzwerkstruktur gegenüber Veränderungen im Unternehmensportfolio

- die standortunabhängige Nutzung der weltweit existierenden Infrastruktur

---

[42] Internet Software Consortium (2000).

Nutzung des Internets als Backbone für das Reporting

Diese neue Form der Informationstechnologie ermöglicht weltweit operierenden Unternehmen die Vernetzung aller Unternehmensteile. Die stärkste Form dieser Integration von Kommunikation und Informationsaustausch mit Hilfe der neuen technischen Infrastruktur stellt die Sammlung, Aufbereitung, Verwaltung und Darstellung von Daten in einem unternehmensweiten Intranet dar.

Das Intranet, als ein in sich geschlossenes Unternehmensnetz innerhalb des Internets, wird entsprechend als interne Kommunikationsplattform genutzt, um den Transfer und Austausch sensibler Unternehmensdaten sicher zu gewährleisten.

Unter dem Gesichtspunkt Reporting wird die Internet-/Intranettechnologie zum wesentlichen Gestaltungselement der Informationsinfrastruktur, die im Weiteren als Backbone für Reporting bezeichnet wird.

Auf Basis der bereits beschriebenen Möglichkeiten durch das Internet ergeben sich weitere, reportingspezifische Vorteile:

- ortsunabhängiger Zugriff auf Unternehmensdaten, Auswertungen und Darstellungen

- zeitnahe Verarbeitung und Weitergabe von Daten und Informationen

- jederzeit konsistente und abgestimmte Datenbasis

- standardisierte Datenübermittlung

Im Finanzbereich sind insbesondere die Zeitnähe der Verarbeitung und die Verfügbarkeit von Daten und Informationen die wichtigsten Gründe für die Nutzung des Intranets bzw. des Internets als Backbone.

Effizientes eReporting

Effizientes eReporting wird im Folgenden verstanden als

> **Berichterstattung unter der Voraussetzung einer Integration der traditionellen externen Rechnungslegung und des internen Berichtswesens zu Reporting**
>
> **mit einer „e"-Architektur eines globalen Informationssystems, das einen gemeinsamen Konzerndatenpool aufweist und auf ein Internet/Intranet Backbone gestützt ist.**

2.2 Ganzheitliche Strategie

2.2.1 Notwendigkeit eines ganzheitlichen Ansatzes

Die Integration von externer und interner Berichterstattung bedeutet eine große Herausforderung für die gesamte Organisation eines Unternehmens und oft einen Bruch mit gewachsenen Strukturen und Verfahren. Derart große Veränderungen sind nur zu bewältigen, wenn sie in Abstimmung mit der strategischen Ausrichtung erfolgen und die Veränderungen der Organisation, der Prozesse und der Technologie eines Unternehmens berücksichtigen.

Business Integration Ansatz

Der Business Integration Ansatz von Accenture wird diesem Anspruch gerecht und richtet – ausgehend von der Strategie – die Mitarbeiter-, Prozess- und Technologieperspektive ganzheitlich und gleichzeitig aus.

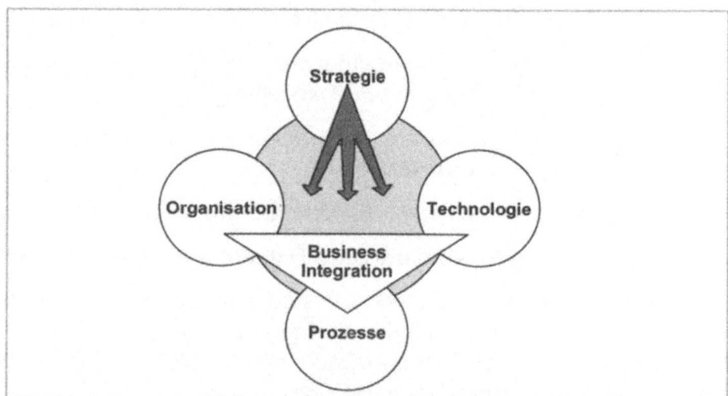

Abbildung 27: Business Integration Ansatz von Accenture

Technologie-lastigkeit

Wird zur Umsetzung einer Strategie statt des Business Integration Ansatzes ein einseitig ausgerichteter oder auch in sequentieller Abfolge konzipierter Ansatz verwendet, muss von einem nicht ausgewogenem Projektansatz gesprochen werden. Wird zum Beispiel eine neue Softwaregeneration ohne Einbeziehung und kritische Betrachtung von zugrunde liegenden Geschäftsabläufen und Organisationseinheiten eingeführt, ist dieser Projektansatz insofern einseitig, da er eindeutig technologieorientiert ist. Diese Gefahr besteht auch bei einem eReporting-Projekt, weil vom Unternehmensumfeld oft nur die Einführung einer neuen Software wahrgenommen wird. Es darf jedoch keinesfalls vernachlässigt werden, dass die Einführung von eReporting eine grundsätzliche Änderung und teilweise Neumodellierung der Prozesse und eine Neugestaltung der Organisation erfordert.

Dieser potentiellen Vernachlässigung ist umso entschiedener zu begegnen, da von einem großen Teil der Entscheidungsträger bis heute die Technologie mit ihrer rasanten Entwicklung als „Allheilmittel" betrachtet wird. Alle strategischen oder operativen Problem- und Fragestellungen ebenso wie die Lösungsansätze werden oft nur aus der Sicht der besten technischen Variante diskutiert. Allein durch eine moderne Technologie sollen suboptimale Prozesse und falsch ausgerichtete Organisationsstrukturen „geheilt" werden. Schwierigkeiten und Probleme in der operativen Umsetzung, wie der mangelnde Gesamterfolg eines Projektes werden dann fälschlicherweise als Konsequenz einer fehlerhaften Technologie interpretiert.

In ähnlicher Einseitigkeit setzt dann auch die Fehlerkorrektur ausschließlich auf der technischen Seite an. Es wird etwa durch Zusatzprogrammierung an den „Stellschrauben" der Technologie gedreht und versucht, durch Justierungen am IT-System mangelhafte Prozessabläufe, fehlende Anwenderkenntnisse oder unklare Zuständigkeiten und Verantwortlichkeiten wettzumachen. Dass aber bei einer so komplexen Veränderung wie der Einführung von eReporting eine einseitig technologische Ausrichtung nur partielle Erfolge haben kann, liegt auf der Hand. Wenn neben der Implementierung einer neuen Software auch Prozessabläufe optimiert werden und die Anforderungen an die Anwender mit steigender Verantwortung zunehmen, dann bedarf es der Beachtung der Abhängigkeiten im ganzheitlichen Ansatz.

Unter Berücksichtigung dieser Abhängigkeiten werden im Folgenden die Aspekte Technologie, Prozesse und Organisation bei der Umsetzung von eReporting im Einzelnen näher diskutiert.

2.2.2   Technologie als „e"-Enabler für Reporting

Bedeutung der Technologie

Die Informationstechnologie kann vollkommen neuartige Prozessmodellierungen und Geschäftsprozessmodelle ermöglichen (enabling). Im Folgenden sollen deshalb die Möglichkeiten der Informationstechnologie als „enabler" herausgestellt werden. Wird diese nur zur Automatisierung suboptimaler Prozesse eingesetzt, kann sie ihr Potential nicht voll entfalten. Die mit dem eSprung verbundenen Veränderungen der Technologie gestatten vielmehr die Gestaltung eines neuen effizienten Geschäftsprozessmodells.

Viele Unternehmen nutzen die Möglichkeiten des Internets nicht annähernd aus. Zu oft werden bestehende Prozesse nur internettauglich umgestaltet. Das Potential für die komplette Neugestaltung von einzelnen Prozessen oder ganzen Geschäftsprozessmodellen wird oft übersehen oder vernachlässigt.

Auch im ganzheitlichen Ansatz erfordern Geschäftsprozesse die Technologie zur Umsetzung der Anforderungen. Umgekehrt ermöglicht letztere aber erst die Gestaltung neuartiger Prozessmodelle. Hierbei sind die positiven Wechselwirkungen zwischen Technologie und Prozessen zu berücksichtigen, um den Erfolg sicherzustellen.

Historische Veränderung der IT-Landschaft

In der Berichterstattung erlaubte der Einsatz einer Großrechnertechnologie zunächst die zentrale, elektronische Datenhaltung. Ohne direkten Zugriff von örtlich getrennten (dezentralen) Prozessbeteiligten mussten Informationen aber umständlich per Fax, Brief oder Telefon an die zentrale Instanz übermittelt werden. Diese Instanz gab die Informationen nach Erhalt zentral und manuell in das System ein. Die Technologie war in der Kommunikation durch eine Vielzahl von Medienbrüchen zwischen zentraler und dezentraler Stelle geprägt (Siehe Abbildung 28, Punkt 1) und daher kosten-, aufwands- und zeitintensiv sowie mit einem hohen Fehlerrisiko verbunden.

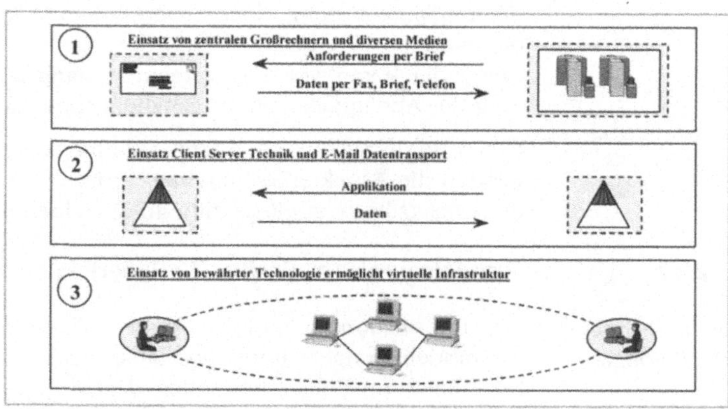

Abbildung 28: Übergang von Großrechner zu Internettechnologie

Die zweite Evolutionsstufe der Client-Server-Technologie zeichnet sich durch die unmittelbare Erfassung der Daten des Berichtswesens bei den dezentralen Einheiten aus. Für die Konsolidierung der Daten war dennoch der Versand an eine zentrale Stelle notwendig. Ebenso mussten die jeweiligen Anwendungsprogramme (Applikationen) an die dezentralen Einheiten versandt werden. Es konnte zwar eine Reduktion der Medienbrüche erreicht werden, der Nachteil einer umfangreichen Daten- und Applikationslogistik blieb jedoch bestehen (siehe Abbildung 28 Punkt 2). Die zweite Evolutionsstufe war dadurch immer noch geprägt durch hohe Aufwände und lange Prozesszeiten.

Mit der Einführung des Internets und des daraus resultierenden eSprungs veränderte sich, nachdem auch die Netzstabilität und Übertragungssicherheit gewährleistet war, die IT-Landschaft in den weltweit agierenden Konzernen rasch von der Client-Server-Technologie in eine virtuelle inter-/intranetbasierte Infrastruktur (Siehe Abbildung 28 Punkt 3). Mit dem globalen Einsatz einer solchen in Echtzeit operierenden Infrastruktur eröffneten sich für die Unternehmen neue Möglichkeiten, zahlreiche Prozesse und Verfahren erheblich effizienter zu gestalten.

2.2.3   Der Geschäftsprozess Reporting

Reengineering des Reporting-Prozesses

Die technische Entwicklung ermöglicht die radikale Neudefinition der logisch zusammenhängenden und aufeinander aufbauenden Schritte des Geschäftsprozesses Reporting. Diese grundsätzliche Neuausrichtung der Prozesse, auch Reengineering genannt, hat zum Ziel, die Geschäftsabläufe effektiv und effizient zu gestalten. Der Fokus liegt hierbei in der Konzentration auf diejenigen Schritte, die wertschöpfend („value-added") sind. Alle anderen, nicht wertschöpfenden („non value-added") Schritte sind nach Möglichkeit zu eliminieren. Diese nicht wertschöpfenden Prozessschritte gliedern sich unter anderen in die Gruppen:

Nicht wertschöpfende Tätigkeiten

- Übergabeaktivitäten bedingt durch räumliche oder funktionale Trennung der Prozessbeteiligten

- Kontroll- und Prüfungsaktivitäten

Die Konzentration auf wertschöpfende Aktivitäten führt zur Definition des idealtypischen Soll-Prozesses Reporting.[43] Verände-

---

[43] Um einen reinen Soll-Prozess ohne oder nur mit einem geringen

rungen des Prozessaufbaus werden in der Regel in ihrer Auswirkung auf die Dimensionen Zeit, Qualität und Kosten gemessen. Hierbei kann sich ein Zielkonflikt ergeben, da Kosteneinsparungen und Zeitgewinne oft durch Reduzierung der Kontrollschritte erreicht werden, was zu einer Beeinträchtigung der Qualität führen kann.

Eine Ist-Aufnahme des Reporting-Prozesses offenbart oftmals erhebliche Abweichungen vom Soll-Prozess. Für Reporting werden nachfolgend die wesentlichen Potentialbereiche zur Eliminierung von nicht wertschöpfenden Prozessschritten und Aktivitäten dargestellt.

- Die Geschäftsprozesse von interner und externer Berichterstattung verlaufen parallel und voneinander getrennt und nicht integriert.

- Die Prozessbeteiligten (zentrale Fachabteilung für Berichterstattung, zentrale Fachabteilung für Abschluss, dezentrale Abteilungen) arbeiten jeweils in einem eigenständigen, unabhängigen System/Datenbestand anstelle in einem gemeinsamen Datenpool.

Die konsequente Umsetzung eines eReporting auf Basis eines gemeinsamen Internet-/Intranet-basierten Konzerndatenpools ermöglicht es, die wesentlichen Potentialbereiche unmittelbar anzusprechen.

In traditionellen Abläufen bearbeiten die Prozessbeteiligten die Dateninhalte jeweils in eigenständigen, voneinander getrennten IT-Systemen und Datenbeständen. Die Konsolidierung auf Konzernebene erfordert dann erhebliche Aufwände bezüglich Datenlogistik sowie wiederholte Kontroll- und Vollständigkeitsprüfungen.

Wegfall „Datenlogistik"

Die nachfolgende Abbildung zeigt, dass hohe Effizienzpotentiale bezüglich Zeit und Kosten bei der Eliminierung der wiederholten Dateneingabe beim übergeordneten bzw. nachgelagerten Prozessbeteiligten sowie die Eliminierung der Datenlogistik realisiert werden können.

Anteil an „non value-added" Prozessschritten einführen zu können, sind oftmals technologische „enabler" und eine Anpassung der Organisation notwendig. Die Dimensionen Prozesse, Technologie und Organisation sind daher immer ganzheitlich zu betrachten.

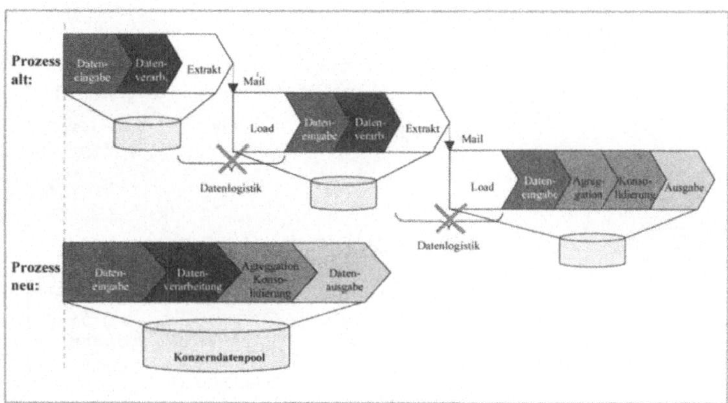

Abbildung 29: Schematische Darstellung eines mehrstufigen (via Teilkonzern) Betriebprozesses der Berichterstattung

Darüber hinaus entfallen eine Vollständigkeitskontrolle des Datenversands sowie Kosten für mehrfache Datenhaltung. Die Konsistenz der Konzerndaten durch die gemeinsame Datenbasis ist ein erheblicher Qualitätsgewinn. Insgesamt ergeben sich dadurch erhebliche Effizienzpotentiale bei gestiegener Datenqualität.

Soll-Prozess Reporting

Der Soll-Prozess eReporting lässt sich in die vier Teilprozesse Eingabe, Verarbeitung, Aggregation und Konsolidierung sowie Ausgabe unterteilen (vgl. Abbildung 30). Darüber hinaus gelten folgende Grundsätze:

- Die Prozesse von externer und interner Berichterstattung laufen nicht mehr ausschließlich parallel, sondern werden je nach Intensität der Integration synchronisiert. Der Grad der Integration kann anhand der „Integration Roadmap" in Kapitel 1.3 nachvollzogen werden.

- Der Soll-Prozess wird konzernweit einheitlich gestaltet und in einem gemeinsamen Verfahren realisiert.

- Alle Prozessbeteiligten arbeiten entlang der Wertschöpfungskette in einem zentralen Konzerndatenpool.

Abbildung 30 zeigt den Soll-Prozess „eReporting".

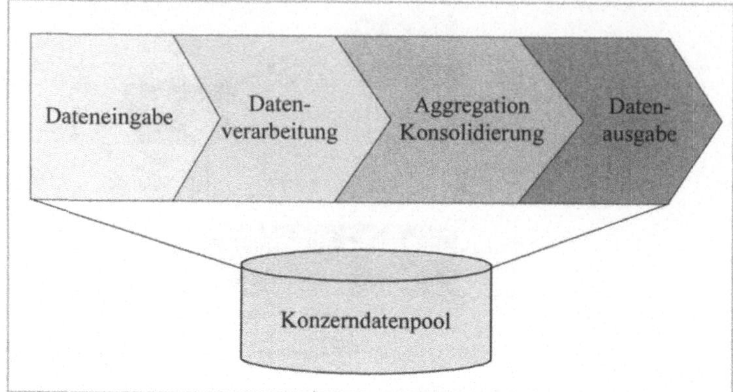

Abbildung 30: Der Soll-Prozess „eReporting"

Gebuchte Daten Für die Gestaltung des Reporting-Prozesses ist ein weiterer Sachverhalt der betrieblichen Praxis zu berücksichtigen. Vielfach wird für bestimmte Aspekte der internen Berichterstattung nicht auf originär gebuchte Daten, sondern auf Schätzdaten zurückgegriffen. Dies zielt auf eine zeitliche frühere Bereitstellung von Management-Informationen durch die interne Berichterstattung (vgl. Abbildung 31 Berichterstattung „Alt") ab. Bei der Anwendung von eReporting muss diese Praxis neu überdacht werden.

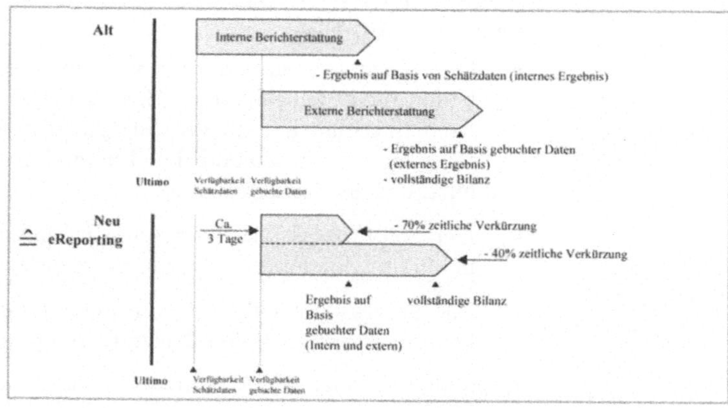

Abbildung 31: Potentiale des eReporting-Prozesses

Wie aus Abbildung 31 ersichtlich, müssen beide Berichterstattungen den Abschluss der Periode (Ultimo) abwarten, bevor Daten bei den Geschäftseinheiten vorliegen. Falls die interne Berichterstattung auf Schätzdaten und die externe Rechnungslegung auf gebuchten Daten aufsetzt, ist hier nach Erfahrungen der Autoren von einem Verzug von ca. drei Arbeitstagen auszugehen.[44]

Im Soll-Prozess des eReporting wird ausschließlich auf originär gebuchten Daten aufgesetzt, da nur diese für die Erfüllung der Neuen Reporting Standards ausreichend sind. Im Fall einer Berichterstattung auf Basis von Schätzdaten hätte nach Verfügbarkeit der gebuchten Daten ein nochmaliges Durchlaufen des gesamten Prozesses zu erfolgen.

Umgliederung des Konsolidierungsprozesses

In der Praxis werden oftmals sehr frühzeitig Daten von der Konzernleitung in Form von gewissen Eckgrößen, wie z.B. Ergebnis gefordert. Für die Konzernleitung und die Veröffentlichung sind diese Daten ausreichend, wenn sichergestellt ist, dass diese Daten mit dem später erstellten Abschluss samt Anlagen übereinstimmen.

In der Vergangenheit wurden diese Informationen, besonders bei Konzernen der kontinentalen Rechnungslegung, aus der schnellen internen Berichterstattung entnommen, da diese durch reduzierte Konsolidierungsmaßnahmen frühzeitig bestimmte Zahlen (z.B. Ergebnis) bereitstellen konnte. Dies ist nach Neuen Reporting Standards nicht mehr möglich.[45] Das eReporting bietet jedoch die Möglichkeit, zu sehr frühen Zeitpunkten (vgl. Abbildung 31 Berichterstattung „Neu") ein Ergebnis auf Basis gebuchter Daten bereitzustellen. Dies erfordert eine Neugestaltung der Anordnung der Konsolidierungsschritte, so dass alle ergebnisrelevanten Schritte vorgezogen werden und vorab ein zwischen interner und externer Berichterstattung übereinstimmendes Ergebnis ermittelt werden kann. Da in der Vergangenheit für die externe Berichterstattung die Optimierung auf der Erstellung aller Bestandteile des Abschlusses (GuV und Bilanz

---

[44] Möglichkeiten, diesen Verzug noch weiter zu verkürzen, z.B. durch Methoden wie „Fast-close" oder „Virtual close" sollen hier nicht weiter diskutiert werden, da diese Methoden Eingriffe auf vorgelagerte Systeme voraussetzen und dieses Buch ausschließlich auf Konzernrechnungslegung fokussiert ist.

[45] Eine Übereinstimmung der Segmentinformationen kann nur durch eine vollständige oder vereinfachte Konsolidierung sichergestellt werden. Eine Bruttodarstellung oder Managementkonsolidierung ist hierfür nicht ausreichend (vgl. vereinfachte vs. Managementkonsolidierung).

inklusive aller Anlagen) lag, ergeben sich hohe Potentiale bei der Umgliederung der Prozessschritte.

Qualitäts-
steigerung

Ein weiterer Bestandteil der Betrachtungen ist die Eliminierung von Kontrollaktivitäten. Im Soll-Prozess kann eine laufende Qualitätssicherung (z.B. permanente Validierungen) realisiert werden. Kann bei getrennten Prozessen eine Validierung erst am Ende des Durchlaufs erfolgen, so ist bei integrierten Prozessen eine permanente Abstimmung der Daten (z.B. zwischen interner und externer Berichterstattung) mit automatischen Regeln während des Durchlaufs möglich. Die fortlaufende Validierung garantiert konsistente Daten zu jedem Zeitpunkt. Diese Validierung der Daten ist in folgender Abbildung dargestellt.

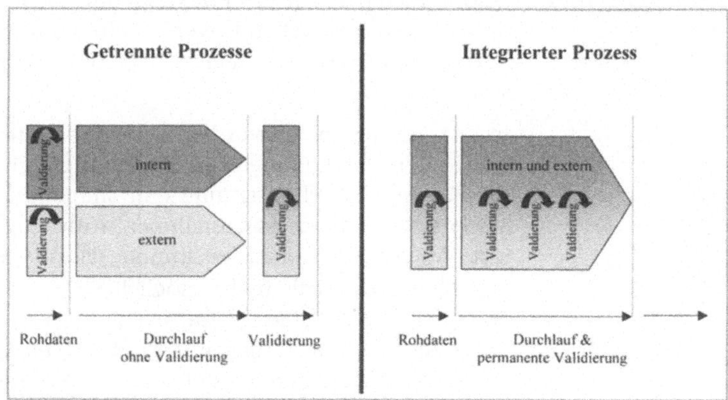

Abbildung 32: Laufende Validierung beim integrierten Prozess

Erfolgt bei integrierten Prozessen die Validierung bereits während des Durchlaufs, so können

- der gesamte Prozess verkürzt werden,

- Dateninkonsistenzen schon frühzeitig erkannt und Fehleranalysen sowie mögliche kosten-/zeitintensive Nachbearbeitungen vermieden werden.

Voraussetzung für eine qualitätsfördernde Wirkung von Validierungen als Bestandteil des Gesamtprozesses ist das tatsächliche Durchführen der notwendigen Fehlerkorrekturen durch den Verantwortlichen für den jeweiligen Prozessschritt.

Anzumerken ist, dass die Validierungen sich nur auf formale Fehler bzw. durch Vorgaben von Bandbreiten oder Algorithmen auf maschinell erkennbare Fehlern beziehen. Die inhaltliche Richtigkeit muss durch entsprechende Maßnahmen am Ort der Datenerhebung sichergestellt werden. In der Praxis wird oftmals in Konzernzentralen versucht, eine gewünschte Qualitätsstufe in der Zentrale nachträglich sicherzustellen („hineinprüfen"). Dies widerspricht jeglicher Prozessoptimierung und ist bei komplexen Konzernen oftmals schon durch die Masse an Daten zum Scheitern verurteilt.

Zusammen-fassung Soll-Prozess

Die konsequente Umsetzung des eReporting erlaubt eine sehr frühzeitige, qualitativ hochwertige Bereitstellung von Konzerndaten, die auf gebuchte Daten basieren und identisch zwischen interner und externer Berichterstattung sind. Nach Erfahrung der Autoren steht bei konsequenter Umsetzung von eReporting ein konsolidiertes, auf gebuchten Daten basierendes Ergebnis oft gleichzeitig oder nur geringfügig nach einem auf Schätzdaten basierenden, rudimentär konsolidierten Ergebnis zur Verfügung.

2.2.4   Organisation

Historische Organisation des Rechnungswesens

Die organisatorische Trennung zwischen interner und externer Berichterstattung manifestiert sich häufig in einer gewachsenen funktionalen Organisationsform in der zwei separate Abteilungen bestehen. Diese sind ihrerseits wieder vom IT-Bereich organisatorisch getrennt.

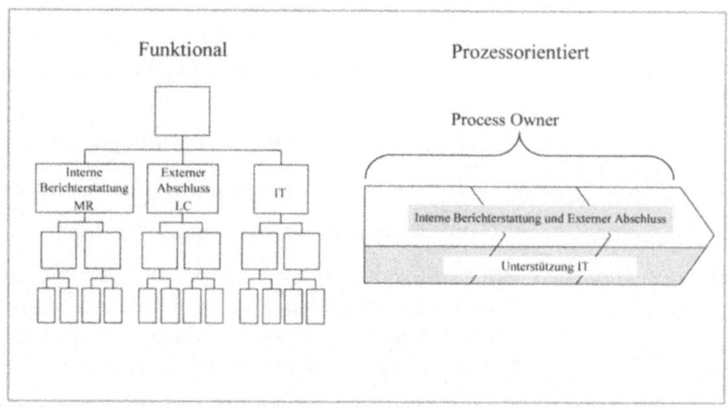

Abbildung 33: Prozessorientierte Organisation des eReporting

Diese Situation einer niedrigen organisatorischen Integration ist gekennzeichnet durch

- lange bzw. fehlende Kommunikationswege,

- eine hohe Anzahl von organisatorischen Schnittstellen,

- die fehlende Möglichkeit, Synergien zu nutzen und

- die Fokussierung auf die Optimierung von Teilaspekten anstatt des Gesamtprozesses.

Prozess-orientierte Organisation

Die organisatorische Integration der internen und externen Berichterstattung verbunden mit einer konsequenten Umsetzung des Soll-Prozesses eReporting erfordert den Übergang von einer funktionalen Aufbau-Organisation zu einer prozessorientierten Organisationsform. Nach Meinung der Autoren ist ein effizientes eReporting prinzipiell nur in einer prozessorientierten Organisation möglich.

Diese neue Organisationsform weist die folgenden Charakteristika auf:

- die Festlegung eindeutiger Prozessverantwortlichkeiten,

- eine durchgehende Ergebnisorientierung im Gesamtprozess,

- Prozesstransparenz und Messbarkeit,

- das Entstehen neuer bzw. die Zusammenführung von Kommunikationswege(n),

- den weitestgehenden Wegfall von „Regionen- und Länderverantwortlichen" und „Qualitätsprüfern" in der Konzernzentrale,

- die Erreichung eines hohen Integrationsniveaus,

- eine weitgehende Reduktion der Prozesszeiten und

- die Überwindung von Abteilungsdenken.

Process Owner

Die prozessorientierte Organisation des eReporting ist auf den Soll-Prozess eReporting ausgerichtet. Alle Aufgaben und Tätigkeiten basieren auf den zur Erfüllung des Prozesszwecks notwendigen Aktivitäten und sind hierauf optimiert.

Neben einem klar definierten Aufgabenbereich eines jeden Mitarbeiters ist die unmissverständlich zugeordnete Verantwortlichkeit für entsprechende Prozesse oder Teilprozesse ein weiteres und gleichermaßen wichtiges Kriterium einer prozessorientierten Organisation. Diese umfassende Verantwortung über die aus der

Rollendefinition hervorgehenden Prozessschritte, übernimmt ein so genannter „Process Owner". Er sichert das Engagement der Mitarbeiter und stellt auf diese Weise eine Umsetzung des integrativen Gedankens innerhalb der Organisation sicher.

Durch den Abbau von Abteilungsgrenzen im Rahmen einer prozessorientierten Organisation sowie der am Prozess ausgerichteten Verantwortlichkeiten werden die ehemals in interne und externe Berichterstattung getrennten Abteilungen integriert. Dies erlaubt eine intensive Fokussierung auf die effiziente Durchführung des Gesamtprozesses. Dieser Prozess wird sukzessive durch die in der Durchführung gewonnenen Erfahrungen kontinuierlich verbessert.

Den weiteren zentralen und dezentralen, von der organisatorischen Integration noch nicht berücksichtigten Organisationseinheiten im Unternehmen müssen die Aufgaben und Verantwortlichkeiten der aus der prozessorientierten Organisation resultierenden „Process Ownership" kommuniziert werden. Die Schnittstellen zwischen eventuell verbleibender funktionaler und prozessorientierter Organisation müssen hinsichtlich der Verantwortlichkeit und Übergabe klar definiert werden.

Eine übergreifende „Process Ownership" kann jedoch nur dann übernommen werden, wenn der „Process Owner" über eine darauf ausgerichtete Organisation mit den erforderlichen Ressourcen verfügt, deren Steuerung durch eindeutige Zielvorgaben erfolgt.

Erfolgsfaktoren der Reorganisation

Zu den erfolgskritischen Maßnahmen der organisatorischen Neuausrichtung zählen

- die klare Rollendefinition aus Anforderungen des Soll-Prozesses,

- die stringente Ableitung der Organisationsform aus dem Soll-Prozess,

- die klare Zuweisung von Verantwortung,

- die offene Kommunikation innerhalb der Organisation und

- die Begleitung der Neugestaltung mit „Change Management" Maßnahmen.[46]

---

[46] Change Management beinhaltet die intensive Betreuung von Veränderungsprozessen sowie die Durchführung spezifischer begleitender Maßnahmen.

2.3   Effizienzpotentiale durch die Nutzung des Konzerndatenpools

*Effizienz-
potentiale*

Die durch die Integration von interner und externer Berichterstattung angestrebten Effizienzgewinne lassen sich gliedern in:

- ein Kostensenkungspotential, v.a. aus dem Übergang von einer dezentralen hin zu einer zentralen Verarbeitung von Daten; die Eliminierung von Daten- und Applikationslogistik,

- ein Zeitpotential aufgrund von Terminverkürzungen über eine Integration der Einzelprozesse,

- ein Qualitätspotential über die Herstellung von Datenkonsistenz durch Arbeiten in einem System.

Wesentliche Voraussetzung für die Erreichung der aufgezählten Effizienzpotentiale ist die zentrale Datenhaltung und -verarbeitung im Konzerndatenpool. Um die Wirkungen eines Konzerndatenpools auf die Effizienz abschätzen zu können, müssen zunächst die in der Praxis vorkommenden Konzerndimensionen betrachtet werden.

*Dimensionen
der Konzern-
matrix*

Wie in Kapitel 1 gezeigt, lassen sich Konzerne sowohl nach legalen Aspekten als auch nach Segmenten und Geschäftsfeldern unterteilen. Ein Geschäftsfeld erstreckt sich häufig über mehrere Länder und damit auch über mehrere legale Einheiten. Oft findet sich auch die umgekehrte Zuordnung, bei der eine legale Einheit mehreren Geschäftsfeldern zugeordnet ist. Aus diesen Zuordnungen ergibt sich eine matrixförmige Organisationsstruktur aus legalen Einheiten und Geschäftsfeldern (vgl. Abbildung 34).

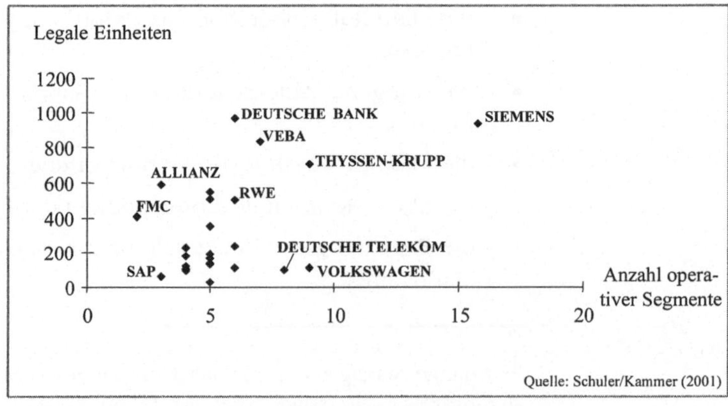

Abbildung 34: Anzahl von legalen Einheiten und Segmenten

Bei sehr großen Konzernen können die Dimensionen bis zu 1000 Elemente beinhalten, so dass die dadurch aufgespannte Organisationsmatrix sehr komplex sein kann. Abbildung 34 setzt am Beispiel großer deutscher Konzerne die Zahl der legalen Einheiten mit den Segmenten in Beziehung. Viele Unternehmen unterteilen diese Segmente weiter, so dass die tatsächliche Organisationsmatrix vieler Konzerne noch komplexer ist.

Zur Darstellung des Konzerns für Zwecke der internen und externen Berichterstattung ist eine Aggregation bzw. Konsolidierung der Daten der einzelnen Konzerneinheiten notwendig. Falls kein zentraler Datenpool vorhanden ist, muss jede Gesellschaft Daten an die ihr zugeordneten Geschäftsfelder liefern. Die Geschäftsfelder verdichten dann die Daten aller Gesellschaften und melden diese so aggregierten Daten an die Konzernzentrale. Dieser Vorgang ist in Abbildung 35 (linker Teil) schematisch dargestellt. Bei dieser Vorgehensweise erhält die Konzernzentrale erst dann die Daten eines Geschäftsfeldes, wenn alle zugeordneten Gesellschaften ihre Daten geliefert haben. Folglich ist ein Problem dieses sequentiellen Ablaufes die verzögerte Bereitstellung der Geschäftsfeldinformation für die Konzernzentrale. Je komplexer die Organisationsstruktur ist, desto umfangreicher ist die zeitlich und monetär aufwendige Datenlogistik. Dieses Problem ergibt sich auch im Fall der Datenlieferung der Gesellschaften an die Konzernzentrale, da dann zwar das Verzugsproblem für die Zentrale gelöst ist, aber die operativen Geschäftsfelder ihre Daten verzögert erhalten.

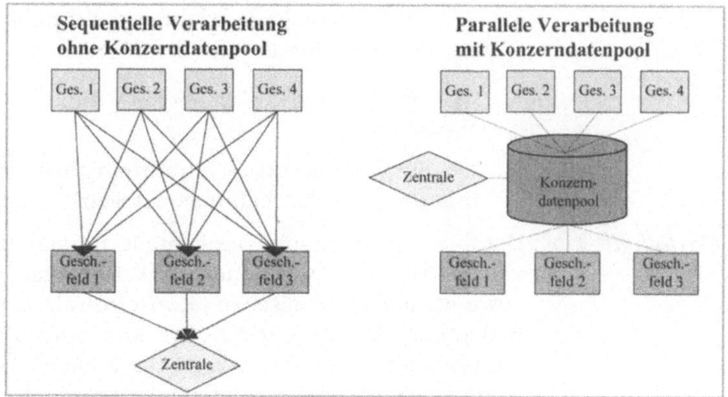

Abbildung 35: Der Konzerndatenpool ermöglicht den parallelen Online Zugriff

*Konzern-
datenpool*

Auf Basis dieser Betrachtungen wird für den Konzerndatenpool ein zentraler Datenpool mit Onlinezugriff für alle Prozessbeteiligten definiert, der alle für ein Reporting benötigten Funktionalitäten enthält.

*Paralleles Pro-
zessmodell*

In Abbildung 35 (rechter Teil) ist dargestellt, wie ein zentraler Konzerndatenpool den parallelen Zugriff aller Prozessbeteiligten ohne Verzögerungen und ohne aufwendige Datenlogistik ermöglicht. Es ist somit möglich, dass die Geschäftsfelder und die Zentrale im zeitkritischen Abschlussprozess auf die Informationen ihrer Gesellschaften, unmittelbar nach deren Erfassung im Datenpool, zugreifen und diese weiterverarbeiten können. Indem alle Gesellschaften, alle Geschäftsfelder und die Zentrale virtuell mit dem zentralen Konzerndatenpool verbunden sind, können Daten auch dann ausgewertet werden, wenn nur ein Teil der Prozessbeteiligten ihre Daten bereitgestellt hat. Zudem ermöglicht ein flexibles Datenmodell während der Abschlusszeit eine Vorabverdichtung aller legalen Einheiten und aller Geschäftsfelder.

*Daten-
konsistenz*

Die zentrale Datenhaltung und -verarbeitung hilft auch bei der Wahrung der Konsistenz der Daten. Die zentrale Definition und Auswertung der Daten garantieren eine einheitliche Vorgabe für alle beteiligten Einheiten und damit auch eine einheitliche Qualität der Daten.

*Kosten-
einsparung*

Ein weiterer Vorteil des Konzeptes eines Konzerndatenpools ist die zentrale Bereitstellung und Wartung der IT-Infrastruktur, wie z.B. Hardware und Softwarekomponenten. Dies ermöglicht

- den Wegfall einer konzernweiten Applikationslogistik, und ersetzt damit den dezentralen Installationsaufwand,

- den Wegfall der Notwendigkeit für dezentrales, teures IT-Wissen,

- die Bündelung von IT-Infrastrukturausgaben und somit Realisierung von Beschaffungsvorteilen.

Flexibilität

Darüber hinaus erlaubt der zentrale Datenpool eine höhere Flexibilität bei der Anbindung von Vorsystemen. Dieser Aspekt gewinnt mit dynamischen Konzernstrukturen zunehmend an Bedeutung. Veränderungen der Konzernstrukturen infolge von Akquisitionen und Desinvestitionen können leichter durchgeführt werden, da bei der dezentralen Einbindung der Gesellschaften nur die Schnittstellen zum zentralen System angepasst werden müssen.

2.4   IT-Strategie

2.4.1   Softwareauswahl

*Standard- vs.
Individual-
software*

Infolge der engen zeitlichen und inhaltlichen Verzahnung von interner und externer Berichterstattung erfordert die Umsetzung von eReporting ein DV-System, das sowohl die Anforderungen der internen als auch der externen Berichterstattung abbilden kann. Bei der Auswahl einer entsprechend geeigneten Software muss geklärt werden, ob diese Software hierfür individuell programmiert werden sollte oder ob auf Standardlösungen zurückgegriffen werden kann.

Individualsoftware besitzt den Vorteil, dass sie unmittelbar auf die Geschäftsanforderungen angepasst werden kann. Aufgrund des damit verbundenen Aufwandes lohnt sich diese Lösung jedoch in den meisten Fällen nicht. Im Gegenteil fördert der Einsatz einer Individualsoftware eher die Neigung, ineffiziente Prozesse unmittelbar zu unterstützen und jegliche Verbesserungen durch die Orientierung an „Best Practice" Prozessen auszuschließen.

Die am Markt angebotene Standardsoftware deckt heute durch verschiedene Module bereits einen großen Teil der Anwenderbedürfnisse ab. Darüber hinaus werden in der Standardsoftware oftmals Möglichkeiten für eigene Erweiterungen geboten, die eine Anpassung der Funktionalitäten an spezifische Firmengegebenheiten erleichtern.

So besitzt Standardsoftware gegenüber Individualsoftware zahlreiche Vorteile:

- geringe Entwicklungszeit und -kosten,

- regelmäßige Erweiterungen mit technischen und betriebswirtschaftlichen Innovationen,

- langfristige Unterstützung durch den Hersteller,

- standardisierte Schnittstellen,

- weitgehende Anpassungsmöglichkeit an die individuellen Bedürfnisse.

Anforderungen

Als „Best Practice" wird heute der Einsatz von Standardsoftware für eReporting angesehen. Nach einer Entscheidung zugunsten einer Standardlösung, muss das am besten für die Konzernanforderungen geeignete Softwareprodukt aus dem Angebot identifiziert werden. Dazu bietet sich eine Auswahl mit Hilfe des so genannten Trichtermodells an. Abbildung 36 zeigt diesen Auswahlprozess von der Identifikation aller relevanten Softwareprodukte bis zur Endauswahl.

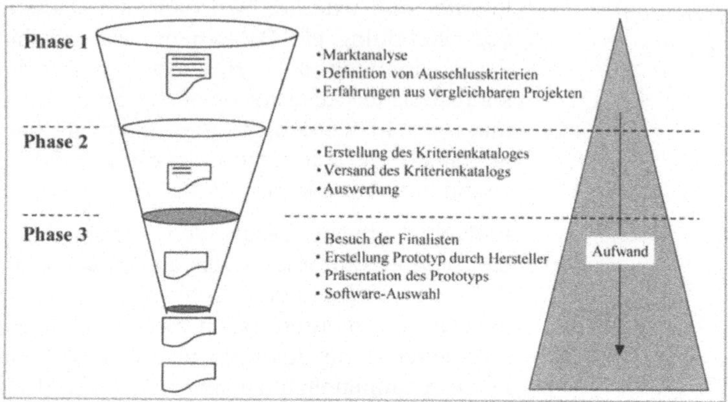

Abbildung 36: Trichtermodell zur Softwareauswahl

Softwareaus-
wahlprozess

Der Auswahlprozess kann in drei Phasen eingeteilt werden. In der ersten Phase wird das gesamte Angebot an Softwareprodukten nach potentiellen Kandidaten durchsucht. Die Liste kann mit Hilfe von Ausschlusskriterien relativ schnell verkürzt werden. Zusätzlich kann mittels Marktstudien von Drittfirmen und Erfahrungen aus Vergleichsprojekten die Anzahl der Produkte weiter eingeschränkt werden. Nach Erfahrung der Autoren reduziert sich die Auswahl auf ca. 10 Softwareprodukte oft bereits während der ersten Phase.

Zentrales Element der zweiten Phase ist die Aufstellung eines Kriterienkatalogs, in dem DV-technische, organisatorische und prozessbezogene sowie inhaltliche Anforderungen festgehalten werden. Beispiele können die Abdeckung funktionaler Anforderungen, Anwenderfreundlichkeit, Flexibilität oder Zukunftssicherheit sein, wie dies anhand eines aggregierten Kriterienkatalogs im Anhang (vgl. 9.3) dargestellt ist. Mit der Aufstellung der Kriterien werden die Eigenschaften der relevanten Softwareprodukte miteinander verglichen. Um die Objektivität bei der Beurteilung der Eigenschaften zu gewährleisten, sollte der Kriterienkatalog direkt von den Software-Anbietern ausgefüllt werden. Die Auswertung des ausgefüllten Kriterienkatalogs erlaubt eine weitere Einschränkung in der Softwareauswahl. Von den Softwareprodukten verbleiben erfahrungsgemäß ca. 3 bis 4 in der engeren Auswahl.

In der dritten Phase werden die ausgewählten Softwareprodukte in Zusammenarbeit mit den Herstellern analysiert. In Workshops mit den Herstellern können beispielsweise Funktionalitäten entsprechend des Kriterienkatalogs, Implementierungskonzepte oder die IT-Strategie des Herstellers diskutiert werden. Zusätzlich kann durch den Besuch von Referenzprojekten schon frühzeitig praxisrelevante Erfahrung in die Entscheidungsfindung eingebracht werden. Die Endauswahl der besten Softwareprodukte erfolgt dann mittels Prototypen, anhand derer die Umsetzung der wichtigsten und kritischsten Anforderungen praktisch erprobt wird.

Der Schwerpunkt des gesamten Auswahlprozesses sollte auf der letzten Phase liegen, da die Vorauswahl durch Ausschlusskriterien sehr einfach durchzuführen ist, wohingegen die individuelle Prüfung der Softwareeigenschaften sehr aufwendig ist. Erfahrungsgemäß muss für die letzte Phase ca. 80 Prozent der Gesamtzeit angesetzt werden.

eReporting-Software

Nachdem bisher die Vorgehensweise zur Softwareauswahl beschrieben wurde, wird nun näher auf die für eReporting zur Verfügung stehenden Produkte eingegangen. Wie Abbildung 37 zeigt, lässt sich der relevante Softwaremarkt in drei Gruppen einteilen.

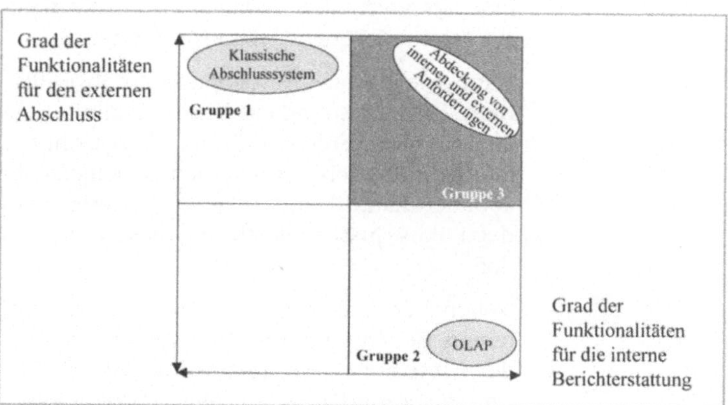

Abbildung 37: Drei Gruppen betriebswirtschaftlicher Standardsoftware

Softwareprodukte aus der ersten Gruppe weisen einen hohen Grad von Funktionalitäten im Bereich des externen Abschlusses auf. Diese klassischen Abschlusssysteme besitzen jedoch typischerweise nur geringe Funktionalitäten im Bereich der internen Berichterstattung. Diese Softwareprodukte wurden oftmals von Wirtschaftsprüfungsgesellschaften oder in enger Kooperation mit diesen entwickelt. Sie dienen der Automatisierung des externen Abschlussprozesses und zeichnen sich durch hohe Funktionalität in der Abbildung betriebswirtschaftlicher Konsolidierungsfunktionalität aus. Die Aufnahme weiterer Informationen (zum Beispiel: Geschäftsfeld unterhalb der legalen Einheit) oder eine Aggregation dieser Informationen nach diversen Kriterien zu diversen Verdichtungsstrukturen ist hier nicht oder nur eingeschränkt möglich.

Die zweite Gruppe ist die der flexiblen Auswertungs- und Darstellungssysteme (OLAP – Online Analytical Processing). Diese Systeme sind darauf ausgelegt, unterschiedlichste Informationen (nicht nur Finanzinformationen) des Konzerns nach diversen Kriterien flexibel zu aggregieren und darzustellen. Es ist häufig nur eine eingeschränkte betriebswirtschaftliche Konsolidierungsfunktionalität vorzufinden. Aber es besteht die Möglichkeit, Logiken in Form von individuellen Anpassungen bis zur Eigenprogrammierung zu erstellen.

Die dritte Gruppe verfügt sowohl über hohe betriebswirtschaftliche Konsolidierungsfunktionalität für die externe Berichterstattung als auch über Möglichkeiten, die flexiblen Anforderungen der internen Berichterstattung abzubilden.

Wird, wie im Fall von eReporting notwendig, als Ausschlusskriterium die Abbildbarkeit beider Funktionalitäten definiert, dann bleibt nur die Software übrig, die sowohl die Anforderungen der internen als auch der externen Berichterstattung in einem System abbilden kann. Damit kann im weiteren Softwareauswahlprozess der Fokus ausschließlich auf diese dritte Gruppe gerichtet werden.

Neben der Abbildung der Anforderungen der internen und externen Berichterstattung in einem System muss die Software für die Umsetzung von eReporting weitere Kriterien erfüllen. Dies sind insbesondere hohe Skalierbarkeit und Internet Backbone-Funktionalitäten. Die Standardsoftware SAP EC erfüllt all diese Anforderungen und ist daher für die Abbildung von eReporting sehr geeignet.

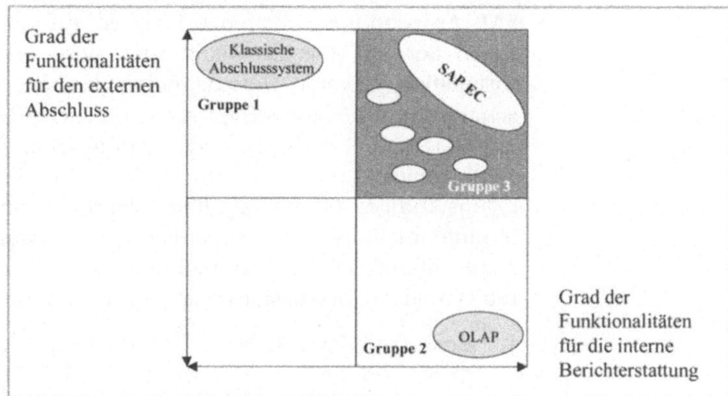

Abbildung 38: Positionierung von SAP EC

Skalierbarkeit

Für die Umsetzung der Integration bei komplexen und umfangreichen Konzernstrukturen ist die Skalierbarkeit der Datenbanken und Applikationen ein wichtiges Entscheidungskriterium. Eine große Anzahl von Gesellschaften, Konten, Bewegungen und Segmentinformationen benötigt ein System mit einer hohen Anpassungsfähigkeit. Die Architektur von SAP EC ermöglicht die leichte Anpassung an sich ändernde Lastprofile infolge eines steigenden Datenvolumens, zusätzlicher Applikationen und höherer Anwenderzahlen.

Intranet/ Internet Backbone Funktionalität

eReporting fordert definitionsgemäß eine Systemarchitektur, die auf ein Intranet/Internet Backbone gestützt ist. Wie bereits zu Beginn dieses Kapitels diskutiert wurde, erlaubt die Internettechnologie die Integration von dezentralen Unternehmensteilen über ein virtuelles Netzwerk. Ohne den technischen Details der folgenden Kapitel vorzugreifen, sollte hier festgehalten werden, dass SAP EC alle Kriterien erfüllt und damit eine sehr gute Plattform für die Realisierung eines effizienten eReporting bietet.

2.4.2   Möglichkeiten durch SAP EC

SAP EC als Konzerndatenpool

Das zur Umsetzung von eReporting benötigte SAP EC beinhaltet u.a. die Module CS (Consolidation) und EIS (Executive Information System). In allen Modulen des SAP EC ist die Benutzeroberfläche einheitlich, so dass sich bei einer parallelen Nutzung verschiedener Funktionalitäten aus unterschiedlichen Modulen für den Anwender keine erkennbaren Unterschiede in Bedienung und Navigation ergeben.

SAP Anwendungen laufen prinzipiell auf zentralen oder dezentralen Servern. Für das eReporting wird eine zentrale SAP EC Installation gewählt. Dies bedeutet, dass bei den Konzerngesellschaften und Teilkonzernen keine eigene SAP Installation erfolgt, da diese direkt in der zentralen Applikation (hier Konzerndatenpool genannt) arbeiten. Anzumerken ist, dass das SAP EC als eigenständiges Modul installiert werden kann, d.h. weitere SAP Module nicht notwendigerweise genutzt werden müssen. Dies soll in dieser Deutlichkeit nochmals gesagt werden, da den Autoren oftmals in Diskussionen entgegnet wurde, dass

- eine Komplettinstallation[47] von SAP R/3 in der Zentrale aufgrund hoher Anforderungen an die Skalierbarkeit, an die Netzwerke, an das Sicherheitskonzept sowie an die Systemperformanz nicht gewünscht werde und dass auch die lange Einführungsdauer einer Installation entgegensprechen würde,

- eine Kompletteinführung bei allen Konzerngesellschaften aus den obigen Gründen nicht gewollt sei,

und man aus diesem Grund das ansonsten sehr geschätzte Produkt SAP EC konzernweit nicht einführen könne.

Dies ist, wie oben erläutert, bei einer zentralen SAP EC Installation mit dezentralen Zugriff auf das zentrale System und die zentrale Datenbasis des Konzerndatenpools nicht zutreffend.

Mit der gewählten SAP EC Architektur fallen damit kostenintensive dezentrale Installationen von Applikationen sowie multiple Datenhaltungen weg. Eingaben können dezentral über lokale PCs direkt in die gemeinsame SAP EC Applikation und Datenbasis erfolgen. Damit haben alle Beteiligten Zugriff auf eine gemeinsame Datenbasis und auf konsistente Daten, die über konzerneinheitliche Berechnungslogiken errechnet und in konzerneinheitlichen, aber auf den Anwender zugeschnittene Ein- und Ausgabeberichten angezeigt werden. Unterschiedliche Informationsstände und Doppelarbeiten werden durch den direkten Zugriff aller Prozessbeteiligten vermieden. Um den vollen Funktionsumfang von SAP EC nutzen zu können, kann der Zugriff über den SAP GUI (Graphical User Interface – graphische Benutzeroberfläche) erfolgen.

---

[47] Für eine Übersicht über die technische Architektur des SAP R/3 Systems siehe z.B. Buck-Emden (1999, Kap. 6).

Die Verwendung der vielfach bewährten Standardsoftware SAP EC gestattet die Implementierung, ohne auf risikobehaftete Individualprogrammierung zurückgreifen zu müssen. Weitere Vorteile von SAP sind die weitgehende Automatisierung von standardisierten Vorgängen der Konsolidierung, Statusanzeigen zur Fortschrittskontrolle der Dateneingabe und -verarbeitung und die hohe Integrationsmöglichkeit von Vorsystemen.

Mit den Möglichkeiten von SAP EC lässt sich ein effizientes eReporting realisieren.

Konzept zur Software-Architektur Nachdem SAP EC als eine geeignete Software identifiziert worden ist, muss der Einsatz der SAP EC Module zur Abdeckung des eReporting-Prozesses festgelegt werden. In Abbildung 39 wird ein eReporting IT-Konzept mit SAP EC Modulen grafisch dargestellt.

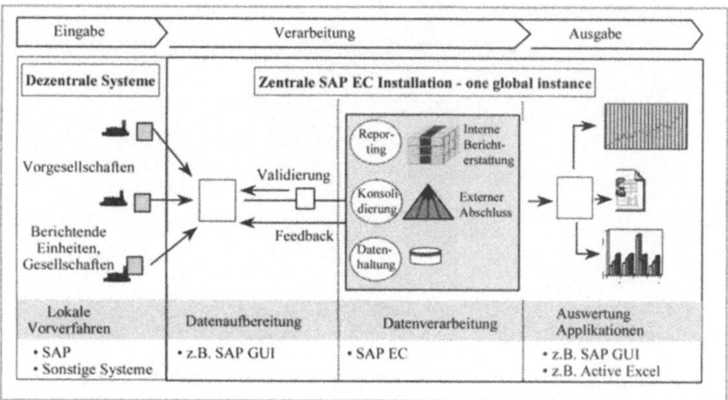

Abbildung 39: Konzeption zur Software-Architektur

In diesem Konzept zur Software-Architektur stellt SAP EC die zentrale Komponente für Eingabe, Verarbeitung und Ausgabe als zentraler Konzerndatenpool dar. Alle Prozessbeteiligten, wie Gesellschaften, Geschäftfelder und die Zentrale können mittels der SAP Standardfunktionalität zum Beispiel Daten eingeben, Verarbeitungsprozessschritte anstoßen und Daten einsehen.

Eckpfeiler eines SAP EC eReporting-Projekts

Die erfolgreiche Bewältigung umfassender eReporting-Projekte basiert auf mehreren Eckpfeilern. Neben der Zusammenführung einer strukturierten und bewährten Vorgehensweise mit der Planung der einzelnen Fertigstellungsstufen (Releaseplanung) sind dies die Gestaltung der Projektorganisation sowie die Projektkommunikation. Die Kombination dieser Bestandteile des Projektmanagements haben einen wesentlichen Einfluss auf den nachhaltigen Projekterfolg. In diesem Kapitel wird dies näher erläutert.

3.1 Festlegung der generellen Vorgehensweise

Zur Projektdurchführung sind primär zwei verschiedene Vorgehensweisen in der Praxis zu finden. Es handelt sich hierbei um das Versionen- und das Phasenkonzept.

3.1.1 Versionen- vs. Phasenkonzept

Versionen-konzept

Das Versionenkonzept verfolgt das Ziel, dem Anwender möglichst schnell einen ersten Entwurf in Form einer Version[48] zur Verfügung zu stellen, von dem aus dann Verbesserungen zur nächsten Version gemacht werden. Anwendung findet diese Art der Projektdurchführung besonders bei Software-Entwicklungen, bei denen infolge des raschen Technologiefortschritts der Vorteil der Geschwindigkeit in der Umsetzung das maßgebliche Kriterium ist. Auch Unternehmen in starken Wachstumsphasen mit schnell wechselnden Anforderungen und Rahmenbedingungen nutzen häufig das Versionenkonzept. Als Gemeinsamkeit weisen Projekte, die sich auf ein Versionenkonzept stützen, oftmals eine Planungsunsicherheit auf und erwarten eine hohe Fehlertoleranz seitens der Fachabteilungen. Die gewonnenen Erfahrungen aus der Vorversion werden in die nachfolgende Version aufgenom-

---

[48] Als Version wird ein in sich abgeschlossenes Arbeitsergebnis betrachtet, dessen Umfang vorab nicht detailliert beschrieben sein musste.

men und gegebenenfalls Fehler korrigiert sowie geänderte Anforderungen realisiert.

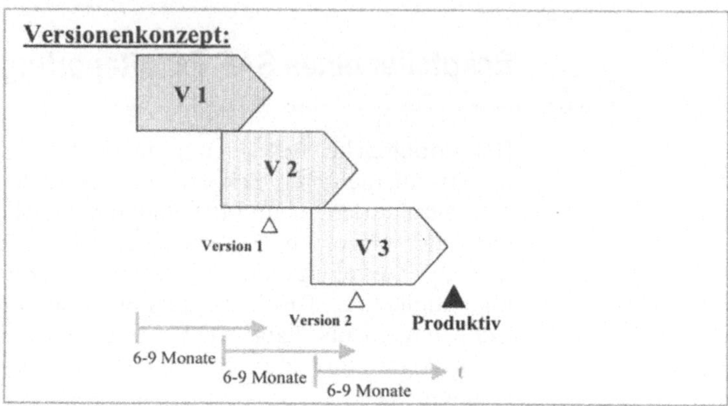

Abbildung 40: Versionenkonzept

Mit dem Einsatz eines reinen Versionenkonzepts sind jedoch folgende Nachteile verbunden:

- viele Versionen ersetzen nicht die Qualitätsprüfung eines Produktiveinsatzes

- eine lange Projektdauer bis zum vollständigen Erreichen aller Projektergebnisse durch Produktivsetzung

- ein „Trial and Error"-Verfahren, das systematisch erhobene und dokumentierte Benutzeranforderungen (Design) nicht ersetzen kann

- die Gefahr des Verschiebens von kritischen Designelementen zu Gunsten von „Quick wins" mit dem Risiko einer Verzögerung der Projektumsetzung

- eine schwierige Gewährleistung der Budget- und Kostentransparenz

Phasenkonzept   Das Phasenkonzept dagegen strebt eine Einteilung des Projekts in abgegrenzte und geplante Phasen an. Das Gesamtziel wird innerhalb dieser Phasen sukzessive über definierte „Meilensteine"[49] (Teilziele) erreicht und unterliegt hierdurch einer kontinu-

---

[49] Als Meilenstein wird ein vorab inhaltlich genau definiertes Arbeitser-

ierlichen Prüfung während der gesamten Projektdauer. Diesen Vorteil einer klar strukturierten und kontrollierten Projektdurchführung nutzen zumeist längerfristige, komplexe oder auch – aufgrund verschiedener Projektteams – örtlich getrennte Projekte.

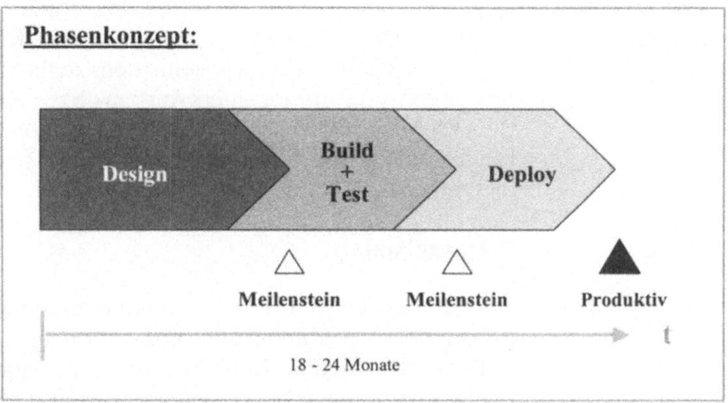

Abbildung 41: Phasenkonzept

Bei der Anwendung eines reinen Phasenkonzepts müssen jedoch folgende Nachteile berücksichtigt werden:

- Eine lange Projektdauer bis zum Erreichen der Projektergebnisse in Form des Produktivstarts

- Gefahr durch ein dynamisches Umfeld von sich verändernden Geschäftsanforderungen

- Verlust von Einbindung und Aufmerksamkeit der Geschäftsorganisation durch eine lange Projektdauer

- Gefahr eines erhöhten Anpassungsaufwands bei zu spät erkannten Missverständnissen in der Umsetzung der gestellten Anforderungen

Aufgrund der mit eReporting-Projekten einher gehenden Komplexität ist das Phasenkonzept trotz dieser Nachteile prinzipiell die besser geeignete Vorgehensweise. Denn eine fehlerhafte oder unausgereifte Version eines Berichterstattungsverfahrens könnte, als mögliche Konsequenz des Versionenkonzepts, für

---

gebnis bezeichnet.

das gesamte Unternehmen schwerwiegende Auswirkungen haben.

Kombination von Phasen- und Versionenkonzept

In der Praxis existieren häufig Mischformen zwischen Versionen- und Phasenkonzept. Diese ergeben sich im Wesentlichen aus zwei Gründen. Neben der Möglichkeit, die Vorteile beider Verfahren zu nutzen, kann es bei großen und komplexen eReporting-Projekten erforderlich sein, den zeitlich getrennten Aufbau des eReporting in einzelnen Ausbau- bzw. Erweiterungsschritten (Releases) zu unterteilen. In diesem Fall können dann die Erfahrungen des ersten Releases bereits in die späteren Releases einfließen.

3.1.2   Releaseplanung

Releaseplanung

Die seitens der Autoren als Releaseplanung bezeichnete Kombination des Versionen- und Phasenkonzeptes bedient sich der Vorteile der beiden Konzepte und ermöglicht gleichzeitig die Festlegung einer zielgruppenorientierten Produktivsetzung von mehreren Releases. Die folgende Abbildung 42 zeigt am Beispiel der weltweit größten SAP EC-CS Anwendung[50] die Kombination von verschiedenen Fertigstellungsreleases mit einem phasenweisen Vorgehen.

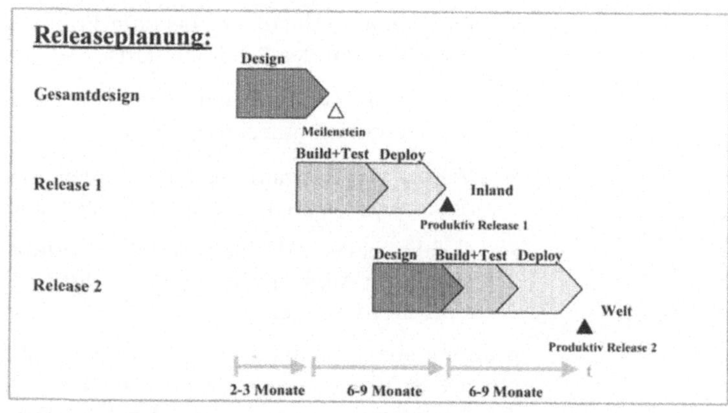

Abbildung 42: Releaseplanung (Auszug aus der weltweit größten SAP EC-CS Anwendung)

---

[50] Bezogen auf die Anzahl der dezentralen Anwender

Innerhalb der Releaseplanung wird durch die klar strukturierte Vorgehensweise die frühzeitige Fertigstellung wesentlicher Projektergebnisse erreicht. Entscheidend für die Releaseplanung ist, dass diese Projektergebnisse als Releases sofort im Produktivbetrieb eingesetzt werden und sich somit umgehend in der Praxis bewähren müssen. Es ist somit nicht möglich, eventuelle kritische Bereiche zu kaschieren oder zeitlich nach hinten zu verschieben. So können z.B. beim Aufbau eines weltweiten eReporting in einem ersten „Inlandsrelease" zunächst die Anwender im Inland einbezogen werden, während Anwender im Ausland erst in einem zweiten Release berücksichtigt werden.

Die Vorteile der Releaseplanung als Mischform aus Phasen- und Versionenkonzept können wie folgt zusammengefasst werden:

- relativ kurze Projektzyklen bis zum Erreichen relevanter Projektergebnisse (Produktivanwendungen),

- Entwurf eines umfassenden Lösungsansatzes (Design) und spätere Verfeinerung unter Einbeziehung geänderter Geschäftsanforderungen,

- zielgruppenorientierte Aufteilung der Umsetzungsaktivitäten, welche die permanente Einbindung und Aufmerksamkeit der Geschäftsorganisation sicherstellt,

- frühzeitige Bestätigung essentieller Designannahmen, wie z.B. wesentlicher SAP Einstellungen,

- Feedback der Anwender erster Produktiv Releases

- Kenntnisse des Performanzverhaltens unter hoher Belastung,

- eindeutige Meilensteine und Releases, welche eine direkte Budgetsteuerung und Kostentransparenz erlauben,

- laufende und frühzeitige Bereitstellung von Projektergebnissen, die sich unmittelbar in der Praxis behaupten müssen.

Für die Umsetzung von eReporting-Projekten wird aus genannten Gründen die Releaseplanung empfohlen.

3.1.3   Verwendung ganzheitlicher Methoden für die Projektdurchführung

Business Integration Methodology

Aus langjähriger und bewährter Projekterfahrung wird die Verwendung ganzheitlicher Methoden bei der Projektdurchführung entsprechend der „Business Integration Methodology" (BIM) von Accenture empfohlen. Diese Methodik wurde von Accenture in

Anlehnung an das Phasenkonzept[51] entwickelt und dient als Leitfaden für die Durchführung komplexer Projekte. Die Business Integration Methodology besteht wie in Abbildung 43 dargestellt aus „Planning, Delivering, Managing und Operating".

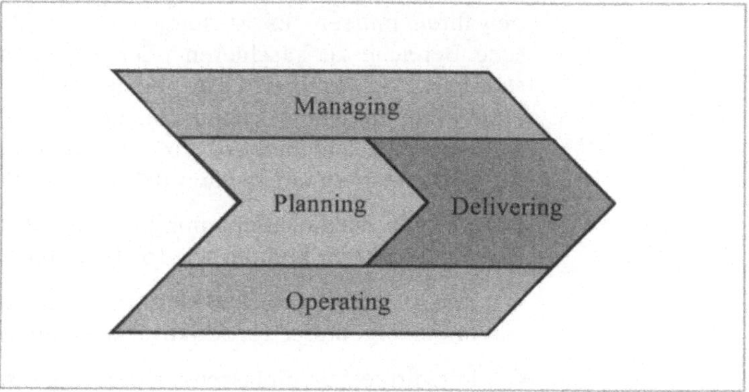

Abbildung 43: Business Integration Methodology von Accenture

Diese vier Elemente spiegeln den natürlichen Arbeitsfluss während der Projektphasen von der Analyse des Umfelds über die Konzepterstellung bis zur vollständigen operativen Umsetzung sowie die erforderlichen begleitenden Aktivitäten wieder. Jedes Element wird durch spezifische Aktivitäten strukturiert und durch erreichte Meilensteine erfolgreich abgeschlossen.

- Managing begleitet das Projekt durch die gesamte Projektdurchführung und beinhaltet alle Maßnahmen zur Sicherstellung der planmäßigen Projektumsetzung. Typische Meilensteine und Aktivitäten dieses Elements sind Projektpläne, Risikomanagement, Qualitäts- und Personalbedarfspläne, die Festlegung von Projektstandards und Projektstatusberichte.

- Planning umfasst die Identifizierung von Erfolgspotentialen und die Definition der dafür notwendigen Kompetenzen (dies ist besonders Gegenstand der strategischen Planung) sowie die Aufstellung eines Implementierungsplans zur Erreichung der angestrebten Ziele. Dahinter verbergen sich stark strategiegetriebene Elemente sowie die Ableitung von Effizienzpotentialen zur Schaffung von Wettbewerbsvortei-

---

[51] Anmerkung: Die BIM ist gleichermaßen für eine Releaseplanung geeignet.

len. Wesentliches Resultat dieser Phase ist neben der Wirtschaftlichkeitsanalyse (Business Case) die Architektur des zukünftigen Geschäftsmodells und die Definition der dazu erforderlichen Bestandteile.

- Delivering beinhaltet die Teilphasen Design, Build&Test sowie Deploy zur Umsetzung des zukünftigen Geschäftsmodells.

- Operating konzentriert sich auf das effiziente Betreiben und sorgt dafür, dass die angestrebten Ziele erreicht werden und der Projekterfolg von kontinuierlicher Dauer ist.

Der Aufbau dieses Buches orientiert sich an den einzelnen Elementen der Business Integration Methodology sowie der Teilphasen des Elements Delivering. Die einzelnen Komponenten werden in den unten angeführten Kapiteln näher erläutert.

- Kapitel 1, 2:   Planning
- Kapitel 3:   Managing
- Kapitel 4:   Delivering – Design
- Kapitel 5:   Delivering – Build&Test
- Kapitel 6:   Delivering – Deploy
- Kapitel 7:   Operating (Produktivbetrieb)

Umsetzung
„Delivering"

Nachdem SAP EC innerhalb des Plannings bereits als für das eReporting geeignete Software identifiziert wurde, erfolgt mit Delivering die Umsetzung. Abbildung 44 stellt die Zusammenhänge beispielhaft dar.

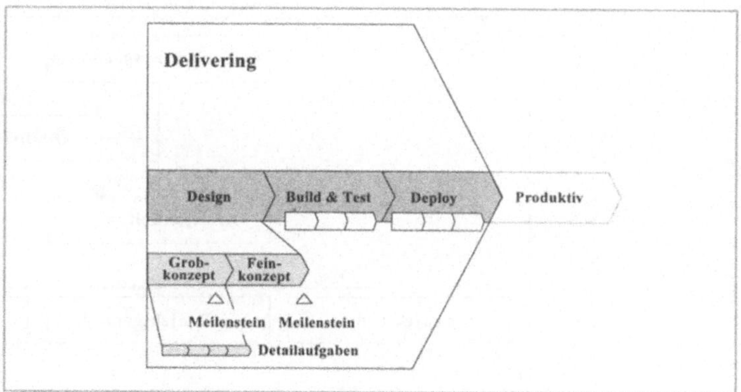

Abbildung 44: Delivering mit ausgewählten Teilphasen

Delivering strukturiert sich in die Teilphasen Design, Build&Test sowie Deploy. Jede dieser Teilphasen definiert Detailaufgaben, die entsprechende Ergebnisse fordern. Aus der kompletten Umsetzung aller Detailaufgaben resultieren Zwischenergebnisse, wie Grob- und Feinkonzepte, die als Meilensteine im gesamten Projektverlauf deklariert werden können.

In der Design-Phase wird die Feinkonzeption zur Umsetzung des eReporting in eine Applikation erstellt. Dabei versteht man unter einer Applikation eine Anwendung oder ein Anwenderprogramm zur Lösung kundenspezifischer Anforderungen. Build&Test setzt die Feinkonzeption technisch um und testet die erstellte Applikation. Deploy nimmt die Übergabe der Applikation in den Produktivbetrieb vor.

3.2   Die Projektorganisation als Steuerungsinstrument

Organisatorische Eckpfeiler zur Steuerung eines eReporting-Projektes sind die Projektorganisation und die Marketing- und Kommunikationsstrategie. In diesem Abschnitt wird zunächst auf die elementaren Problemstellungen der Projektorganisation eingegangen. Die Einführung von eReporting bringt erhebliche Veränderungen in fachlicher und technischer Hinsicht mit sich. Um dem ganzheitlichen Projektansatz gerecht zu werden, ist dies auch bei der Aufstellung der Projektorganisation zu betrachten. Analog bewährter Projektmanagementprinzipien ist eine Projektorganisation bestehend aus Entscheidungsgremien, Qualitätssicherung, Projektleitung und Projektteam zu empfehlen (vgl. Abbildung 45).

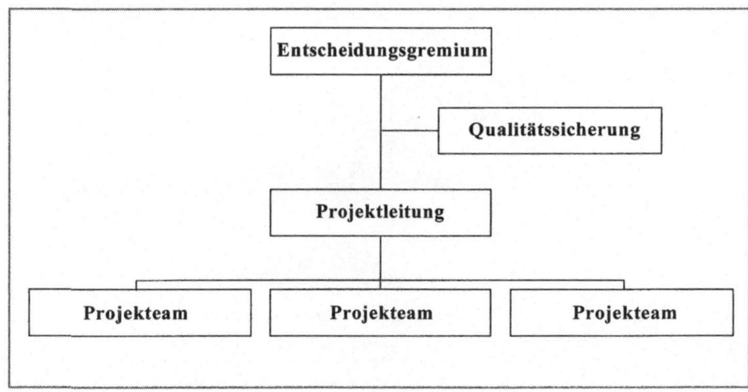

Abbildung 45: Klassische Projektorganisation

Spezifisch für ein eReporting-Projekt ist die Aufstellung und Zusammensetzung der Projektteams. Die Projektteams können analog der Definition des Begriffs eReporting in die Komponenten „e" und „Reporting" gegliedert werden. Es wird ein Team für die Erfüllung der technischen „e" Anforderungen als auch der fachlichen „Reporting" Integrationsaspekte benötigt. In der Projektorganisation sind hierfür zwei Projektteams Infrastruktur und Integration zu benennen. Diese beiden Teams werden während der gesamten Projektdurchführung benötigt. In der Abbildung 46 sind diese beiden Teams eingezeichnet. Die gestrichelt skizzierte Box soll repräsentativ für temporäre Teams wie beispielsweise das Reengineering-Team zur Definition der Soll-Prozesse oder das Rollout-Team stehen.

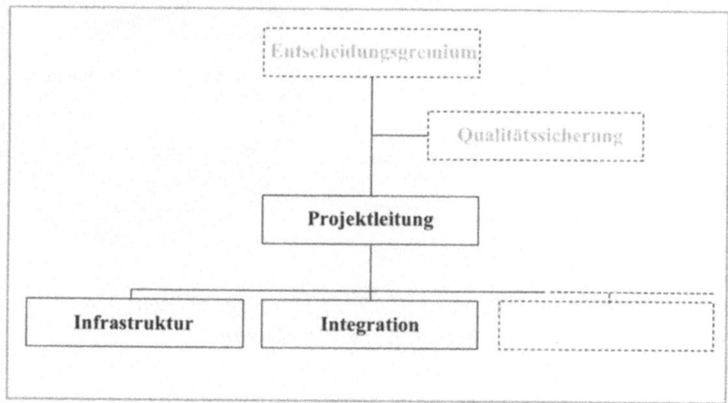

Abbildung 46: Projektteam eReporting

*Team
Integration*

Bei der Zusammensetzung des Integrationsteams ist zu beachten, dass ein Projektteam aus Mitarbeitern der – bis dato – getrennten Abteilungen interne und externe Berichterstattung Reibungspunkte mit sich bringen kann. Die Abbildung 47 zeigt eine mögliche Zusammensetzung des Teams Integration.

Erfahrungsgemäß muss der integrative Aspekt innerhalb einer Projektorganisation von einer Instanz wahrgenommen werden, die dem operativen Projektteam in Form der Projektleitung übergeordnet ist. Diese „neutrale Position" wird eingesetzt, um interdisziplinäre Spannungsfelder zu eliminieren und Ratiopotentiale der Integration zu fördern. Vertreter aus den Fachbereichen der internen und externen Berichterstattung können durchaus mit Situationen konfrontiert werden, in denen es aus politischen oder persönlichen Gründen schwierig ist, eine neutrale, rein sachliche Position zu bewahren. Daher sollte von vornherein geprüft werden, ob das Engagement einer externen Instanz (Berater oder Führungskraft, die nicht in betroffene Abteilungen eingebunden ist und war) mit entsprechender Unterstützung der Managementebene zur Entflechtung der spezifischen Interessen sinnvoll ist. Voraussetzung für die Einnahme der übergeordneten integrativen Position sind fachliche Kompetenz und Erfahrung im Projektgeschäft.

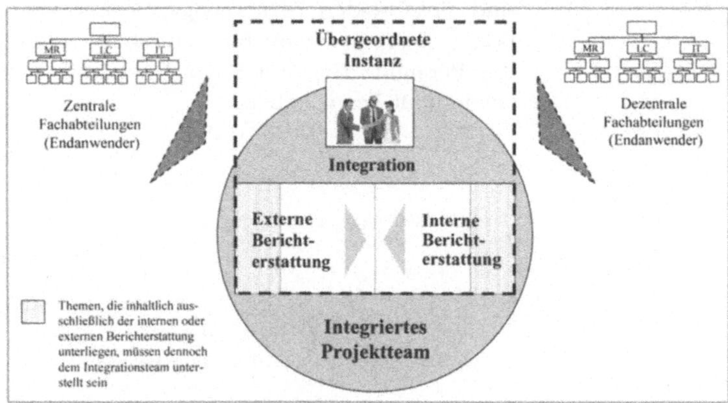

Abbildung 47: Eine übergeordnete Instanz als Garant für die Integration im Projektteam

Es darf weiterhin nicht übersehen werden, dass eine Integration auch unpopuläre Entscheidungen erfordern kann und die Position des Projektteamleiters „Integration" daher mit entsprechenden Befugnissen ausgestattet sein sollte.

Personalbedarf Im Rahmen der Projektorganisation muss ebenfalls sichergestellt werden, dass während des Projektverlaufs ausreichende Mitarbeiterressourcen mit den entsprechenden Fähigkeitsprofilen für das Projekt verfügbar sind. In Abhängigkeit der Teilphasen von Delivering leiten sich zudem unterschiedliche Anforderungen an die Kompetenzen der Mitarbeiter ab. In der Design-Phase werden überwiegend strategische Kompetenzen und Prozessanalysefähigkeiten benötigt. Die Build&Test-Phase erfordert neben fundiertem betriebswirtschaftlichen Wissen auch detailliertes technisches Know How. In der Deploy-Phase steht dann bei der Übergabe der Applikation die Vorbereitung der Organisation im Vordergrund. Alle Prozessschritte werden vom Projektmanagement begleitet. Nachfolgende Abbildung zeigt qualitativ den unterschiedlichen Personalbedarf der einzelnen Phasen.

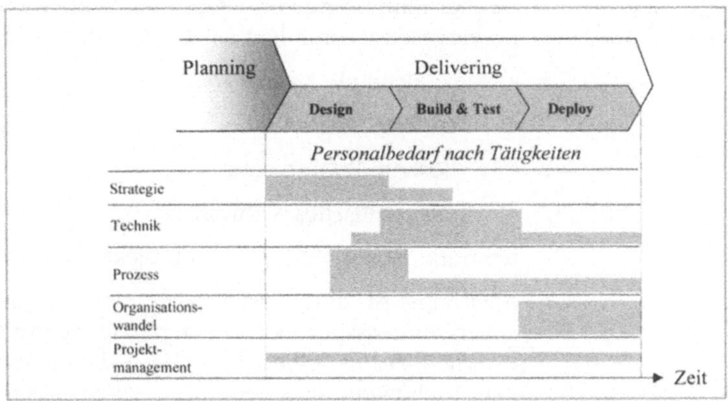

Abbildung 48: Personalbedarf im Laufe der Projektphasen

Tagesgeschäft vs. Projektarbeit

Konzerne unterliegen einem ständigen dynamischen Wandel. Gründe dafür sind z.B. Übernahmen und Fusionen oder Umstrukturierungen und strategische Neuausrichtungen. Obwohl im Gesamtzusammenhang nur ein untergeordneter Faktor, hat dieser Wandel auch Auswirkungen auf die Aufstellung eines Projektteams. Interne Mitarbeiter sind bereits in eine Vielzahl anderer laufender Projekte eingebunden oder können somit entweder nicht oder nur eingeschränkt vom Tagesgeschäft und den Routineaufgaben freigestellt werden.

Verfügbarkeit interner Mitarbeiter

Diese Situation zwingt die Verantwortlichen zu prüfen, ob der Einsatz interner Mitarbeiter im Projektgeschäft grundsätzlich möglich ist und wie der zeitliche Rahmen für deren Verfügbarkeit bemessen ist. Außerdem muss geprüft werden, ob dem Unternehmen Mitarbeiter mit dem nötigen fachlichen und technischen Wissen für eine mögliche Aufgabe im Projekt zur Verfügung stehen.

Internes Projektteam

Aus organisatorischer Sicht typisch für ein nur aus unternehmensinternen Mitarbeitern bestehendes Projektteam ist die doppelte Einbindung dieser Mitarbeiter in die Tagesroutine der Fachbereiche und in das Projektgeschäft. Trotz einer Freistellung können interne Projektteams erfahrungsgemäß dem Projektgeschäft nie uneingeschränkt zur Verfügung stehen. Dies resultiert in einer zusätzlichen Arbeitsbelastung für die betroffenen Mitarbeiter und steht außerdem einer schnellen und konzentrierten Projektdurchführung im Wege.

Externes Projektteam

Bei der Einführung von eReporting werden oftmals externe Berater eingesetzt. Somit kann sichergestellt werden, dass

- ausreichende Kapazitäten,

- bewährte Methoden,

- relevante Erfahrungen,

- fachspezifisches Know How,

temporär und kurzfristig dem Projekt zur Verfügung stehen.

Allerdings ist eine Distanz zur Unternehmenskultur und den Unternehmensspezifika der typische Schwachpunkt eines rein externen Teams. Eine Konsequenz dieser Abtrennung von internem Fachwissen und dem Informationsfluss der Fachbereiche ist, dass im Projektteam relevante Themen und inhaltliche Aspekte nicht oder nur ungenügend diskutiert und berücksichtigt werden können. Trotz intensiver Abstimmungsrunden können sich Informationsdefizite im Projektteam und den Arbeitsergebnissen bemerkbar machen.

Im Fall eines ausschließlich externen Projektteams besteht daher die Gefahr der „Verselbständigung" des Teams. Es ist möglich, dass der in das Tagesgeschäft eingebundene Fachbereich der schnell fortschreitenden Projektentwicklung nicht folgen kann. Als direkte Konsequenz ist der Fachbereich dann nicht mehr in der Lage, die weiteren Anforderungen zu definieren. In dieser Situation kann eine Eigendynamik innerhalb des Projektteams einsetzen, die dazu führt, dass die Anforderungen im Projektteam festgelegt werden und die schließlich realisierte Lösung den Bedürfnissen des Fachbereichs möglicherweise nicht gerecht wird.

Kombiniertes Projektteam

Mit einer Kombination interner und externer Mitarbeiter im Projektteam lassen sich mögliche Nachteile, die aus einer eindimensionalen Teamstruktur entstehen können, größtenteils vermeiden. Die Vorteile eines kombinierten Teams werden im Folgenden näher betrachtet.

Best Practice

Aus Sicht des Unternehmens ist eine Einbindung externer Berater insbesondere unter dem Anspruch der Verwendung von „Best Practice" vorteilhaft. „Best Practice" garantiert die Realisierung aller Projektinhalte nach den derzeit besten Prozess- und Organisationsstandards unter Einsatz der führenden Technologie. Für das Unternehmen verringert sich damit die Gefahr der „Betriebsblindheit" – einer zu geringen Distanz zu im Unternehmen etablierten Vorgehensweisen, um diese kritisch zu hinterfragen. Projektteams, die sich ausschließlich aus Mitgliedern der eigenen Fachbereiche zusammensetzen, neigen dazu, bestehende Prozesse und Strukturen nahezu identisch abzubilden. Es bedarf externer Impulse, aktueller „Best Practice" Ansätze und zusätzlicher Erfahrung, um alte Denkweisen und eingespielte Verhaltensmuster auf ihre Validität hin zu überprüfen.

Expertise

Eine weitere positive Begleiterscheinung eines Einsatzes externer Berater, die einen nicht zu unterschätzenden Vorteil für das Unternehmen darstellen kann, ist der Zugang zum eigentlichen Kapital der Beratungsunternehmen, der Expertise und dem schnell verfügbaren, gesammelten Wissen der Berater. Auch hinsichtlich des Aufbaus von systemspezifischen Wissen im Unternehmen ist ein kombiniertes Projektteam vorteilhaft. Schließlich ist es eine wesentliche Aufgabe des Projekts, das neue Wissen an spätere Anwender zu übergeben. Hier erleichtert ein kombiniertes Projektteam den Aufbau und die Übergabe relevanter Kenntnisse in hohem Maße. Interne Mitarbeiter begleiten das Projekt durch alle Phasen und führen es später in den laufenden Betrieb über. Die in das Projektteam integrierten Mitarbeiter aus den Fachbereichen können ohne weitere Schulungen ihre zukünftigen Aufgaben übernehmen und den Transfer von Wissen im Unternehmen vorantreiben.

Teambildung

Der kritische Erfolgsfaktor im Einsatz eines kombinierten Projektteams ist das Zusammenschweißen zu einem gemeinsamen Team. Nur falls dies gelingt, sind die vorab beschriebenen Vorteile zu erwarten.

Zusätzlich ist mit der Kombination von internen und externen Mitarbeitern bereits in der Teamstruktur das Fundament für einen engen fachlichen Austausch zwischen den Fachbereichen und dem Projektteam gelegt. Das Team profitiert von kurzen Wegen bei der Bereitstellung von Informationen und der Übergabe von Anforderungen. Die internen Mitarbeiter fördern die inhaltliche Balance zwischen den Fachbereichen und dem Projektteam hinsichtlich der Anforderungen und ihrer Umsetzung. Darüber hinaus finden die Unternehmenskultur und alle betriebsspezifischen Aspekte automatisch und zu jeder Zeit Eingang in die Projektarbeit.

Einbindung dezentraler Vertreter

Ein weiterer Aspekt ist die Einbindung dezentraler Vertreter von Geschäftsfeldern, Konzerngesellschaften und Endanwendern im Gesamtprojekt. Sie vereinfacht von Beginn an die notwendige Identifikation mit den Zielen und Inhalten eines zentral initiierten und gesteuerten Projekts, das unternehmensweite Auswirkungen hat. Um den Austausch zwischen zentralem Projektteam und dezentralen Vertretern praktikabel zu gestalten, können beispielsweise regelmäßig gemeinsame Informationsveranstaltungen und Workshops stattfinden. Allerdings kann oftmals keine vollständige Einbeziehung der unterschiedlichen Interessensgruppen in das Projektteam erfolgen, da sonst permanente Zielkonflikte und zeitliche Verzögerungen zu erwarten sind.

3.3   Globale Projektmarketing- und Kommunikationsstrategie

Für Projekte, die erhebliche Veränderungen bewirken wie etwa die Einführung von eReporting, ist ein von Anfang an begleitendes und auf den gesamten Konzern bezogenes Projektmarketing von entscheidender Bedeutung. Die Migration nach SAP EC erfordert die Schaffung eines grundsätzlichen Verständnisses für die Vorteile der neuen DV-Technologie im gesamten Unternehmen. Für die mit eReporting verbundene Neustrukturierung von Prozessen und organisatorischen Anpassungen muss Akzeptanz auf breiter Basis erreicht werden.

Überwindung von Widerständen

Einhergehend mit den Veränderungen werden auch Widerstände hervorgerufen, da es in der Natur des Menschen liegt, sich Neuem tendenziell zuerst abwartend und kritisch gegenüber zu verhalten: „Das Ausmaß des Widerstandes gegen Veränderungen steht im Verhältnis zu dem, was Menschen zu gewinnen oder zu verlieren haben, [...]"[52]. Widerstände können durch eine frühzeitige und aktive Einbindung aller am Veränderungsprozess beteiligten Personen durch projektbegleitende Marketing- und Kommunikationsmaßnahmen abgebaut werden. Beispiele für solche Maßnahmen sind regelmäßige und für Mitarbeiter zugängliche Diskussions- und Informationsveranstaltungen. Eine Ablehnung der Projektziele und -inhalte kann durch eine umfassende und offene Kommunikation unter Einsatz verschiedener Medien verringert bzw. vermieden werden.

„Project Identity"

Während der gesamten Projektdurchführung übernehmen Marketing und Kommunikation auch die Aufgaben der Projektwerbung

---

[52] Strebel (1997, S. 627)

zur Schaffung von Akzeptanz. Hierzu gehört im großen Maße die Organisation und intensive Steuerung eines einheitlichen Auftritts in der Projektaußenwirkung, die „Project Identity". Hierzu gehört beispielsweise die Vorgabe einheitlicher Formate hinsichtlich aller Dokumente und Präsentationen sowie die Verwendung gleicher Strukturen für inhaltliche und grafische Darstellungen. Es sollte versucht werden, eine projektbezogene Marke in Form eines Namens und eines Kennzeichens im Unternehmen zu etablieren. Damit wird den Zielgruppen die Möglichkeit geboten, Informationen, Aktionen und Inhalte direkt dem Projekt zuordnen zu können. Darüber hinaus besteht die Chance, sich von anderen Projekten abzuheben und eine differenzierte Betrachtung der eigenen Projektarbeit im Unternehmen zu erreichen.

3.3.1   Die Aufgaben einer globalen Projektkommunikation

Die Projektkommunikation stellt im Projektmarketing eines der wichtigsten Instrumente dar. Sie koordiniert den gesamten Informationsfluss des Projektes nach innen und außen.

Kommunikationsplan

Das Gerüst der Projektkommunikation bildet der Kommunikationsplan. Dieser definiert die Informationsquellen wie den offiziellen Sprachgebrauch, identifiziert die relevanten Zielgruppen und legt Art, Umfang und Zeitpunkt der geplanten Kommunikation fest.

Für eine erfolgreiche und effektive Projektkommunikation ist eine offizielle Projekt-Informationsquelle von essentieller Bedeutung. Dies ist besonders vor dem Hintergrund wichtig, dass unkoordiniert und undifferenziert verbreitete Informationen unter Umständen den Projektfortschritt und -erfolg gefährden können. Die Definition der verantwortlichen Instanz und die Festlegung aller Informationskanäle sowie die Bestimmung der einzusetzenden Kommunikationsmedien erfolgt in enger Zusammenarbeit mit den Projektverantwortlichen.

Definition einer Sprachregelung

Eine weitere Aufgabe der Projektkommunikation ist die Festlegung und Verbreitung einer einheitlichen Sprachregelung. Dies ist besonders deshalb wichtig, da sich erfahrungsgemäß im Zeitverlauf unterschiedliche Begriffe für gleiche Themen und Begriffe herausgebildet haben. Beispielsweise hat im Umfeld von eReporting der Begriff Integration eine spezielle Bedeutung. Außerdem ist zu beachten, dass mit der Einführung von SAP eine systemseitig hinterlegte Terminologie und sprachlich einmalig zu definierende Einstellungen hinzukommen, die von den im Unternehmen verwendeten Begriffen abweichen können.

Nutzung von Feedback

Die Bereitstellung und gezielte Verteilung von Informationen erzeugt in den meisten Fällen ein entsprechendes Feedback. Bei einer konsequenten Umsetzung einer Projektkommunikation wird das geäußerte Feedback als Chance und Anregung verstanden, da es einen anderen Blickwinkel von Fachleuten repräsentiert. So bietet sich die Möglichkeit, die eigenen Ideen und Umsetzungen konstruktiv zu hinterfragen. Dabei ist es wichtig, das gesamte Feedback zu koordinieren, zu konsolidieren und in eine Form konstruktiver Kritik umzusetzen. Es ist besonders hilfreich, wenn konstruktive Kritik bereits in der Planungsphase geäußert wird, da zu einem frühen Zeitpunkt noch ausreichend Zeit für Diskussionen und mögliche Anpassungen zur Verfügung steht.

3.3.2   Das Marketing im Wandel der Projektphasen

Aus der Sicht des Marketings lässt sich das Projekt in zwei Abschnitte teilen. Im ersten Abschnitt, zu Beginn der Projekte, zählen Geschwindigkeit und Transparenz, da zunächst das Projekt im Unternehmen etabliert werden muss. Das Marketing konzentriert sich hier überwiegend auf Maßnahmen, die den Projektstart offiziell kommunizieren und die Vorhaben den Mitarbeitern und vor allem im Kreis des Managements darstellen. Das Marketing soll im Unternehmen Bewusstsein für die Aufgabenstellung und die Lösungsmöglichkeit durch das Projekt schaffen.

Etablierung des Projektes

Die rasche Etablierung eines Projekts ist insbesondere notwendig, um den Aufbau und die Konzentration eventueller Widerstände in den Reihen der Kritiker und Projektgegner während der Startphase zu vermeiden. Transparenz und Information verschaffen Klarheit über Ziele und Zwecke und beugen durch offene, proaktive Kommunikation einer möglichen Ablehnung vor. Deshalb müssen auch die geplante Vorgehensweise, die verschiedenen Projektphasen und Meilensteine einschließlich ihrer Auswirkungen auf die Organisation, die neuen Prozesse und Strukturen sowie insbesondere die zukünftigen Rollen aller betroffenen Mitarbeiter kommuniziert werden.

Projektakzeptanz

Im nächsten Abschnitt, der eigentlichen Projektdurchführung, liegt die Herausforderung für das Projektmarketing in der Steigerung der Bekanntheit, der Akzeptanz und des Durchdringungsgrades im gesamten Unternehmen. Die Aktivitäten des

Marketings werden jetzt darauf ausgerichtet, die Umsetzung des Projektes zu fördern und um Zustimmung und Unterstützung zu werben.

Durch den Einsatz von Marketing- und Kommunikationsinstrumenten muss eine Nachhaltigkeit der vorausgegangenen Maßnahmen hinsichtlich Transparenz und Akzeptanz erreicht werden. Es sollte versucht werden, das erste Interesse der Zielgruppen zu festigen und verstärkte Aufmerksamkeit für die Projektinhalte aufzubauen. Hilfreich ist hierbei beispielsweise die zielgerichtete Verbreitung projektbezogener Neuigkeiten, erreichte Teilziele oder ein Ausblick auf die nächsten Aufgaben im Projekt. Auch die frühzeitige und umfassende Bekanntgabe dezentraler Aktivitäten, wie notwendige Veränderungen der Schnittstellen bei lokalen Konzerneinheiten oder Schulungsmaßnahmen sind im Interesse der Anwender. Anbieten würde sich hierfür ein regelmäßiger Projekt-Newsletter, der als gedrucktes Medium verteilt oder in elektronischer Form versendet werden könnte. Mit dem Aufbau einer eigenen Projekt Homepage ist es weiterhin möglich, im gesamten Unternehmen Präsenz zu zeigen und ein Kommunikationsforum zu etablieren.

Die „Commitment Curve" von Accenture verdeutlicht die vier verschiedenen Stufen, die beim Aufbau von Engagement und Zustimmung zu durchlaufen sind (vgl. Abbildung 49).

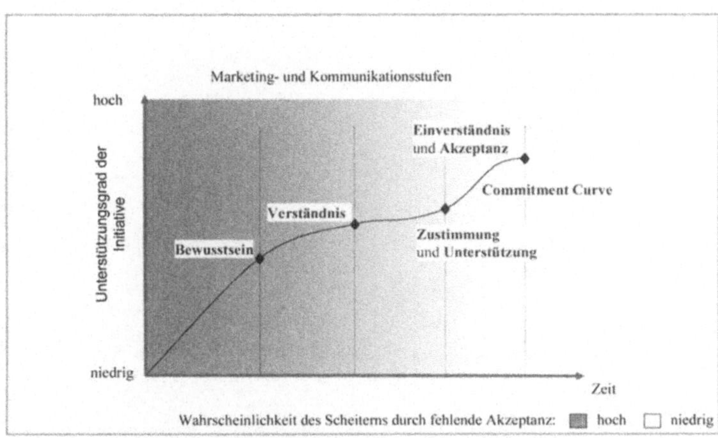

Abbildung 49: Commitment Curve

Mit wachsendem Verständnis wird im Unternehmen sukzessive die volle Zustimmung und die entsprechende Akzeptanz für ein Projekt erreicht. Eine geeignete Projektkommunikation kann die Zeitspannen bis zum Erreichen des jeweils nächsten Unterstützungsgrades wesentlich verkürzen.

Abbildung der Anforderungen eines eReporting-Konzepts mit SAP EC

Das Kapitel 4 stellt dar, wie effizientes eReporting durch die optimale Kombination der Module EC-CS und EC-EIS realisiert werden kann. Dazu wird beschrieben, wie sich die Rollen aller Prozessbeteiligten mit der Einführung eines effizienten eReporting verändern. Bevor in Kapitel 4.4 ein mögliches Systemdesign vorgestellt wird, werden die Spezifika beider Module kurz vorgestellt. Das Kapitel schließt mit einer Beschreibung der für die Einführung von eReporting notwendigen Systemarchitektur ab.

4.1 Herausforderung an das Systemdesign durch eReporting

Ausgangs-situation

Wie in Kapitel 2 dargestellt, ist die Einrichtung eines zentralen Konzerndatenpools Voraussetzung für ein effizientes, integriertes eReporting. Ein Konzerndatenpool ist dezentralen Systemen wegen der Datenkonsistenz, der Kosteneinsparungen und der Flexibilität bei der Anbindung von Vorsystemen überlegen. Mit einem Konzerndatenpool lässt sich der beschriebene Soll-Prozess, nachfolgend auch Wertschöpfungskette Reporting genannt, für ein effizientes eReporting vollständig abbilden.

Rollen der Prozess-beteiligten

Die Einrichtung eines Konzerndatenpools führt zu einer Verschiebung der Rollen und Verantwortlichkeiten aller Beteiligten im Soll-Prozess eReporting. Waren die berichtpflichtigen Einheiten bislang lediglich für die Lieferung der geforderten Daten zu einem bestimmten Zeitpunkt verantwortlich, so geht ihr Verantwortlichkeitsbereich heute wesentlich weiter: Sie haben nicht nur die Dateneingabe in das System durchzuführen, sondern übernehmen auch weite Teile der Datenverarbeitung, die bislang vollständig zentral durchgeführt wurde. Die Datenkonsistenz wird nicht erst nach Eingang der Zahlen durch die Zentrale geprüft, sondern bereits bei Eingabe durch die Einheiten selber. Der Konzerndatenpool trägt so zu einer Dezentralisierung der Verantwortung bei. Dabei ist wichtig, dass jeder Prozessbeteiligte alle ihm zugehörigen Prozessschritte der Wertschöpfungskette Reporting vollständig und richtig durchzuführen hat.

Die Module EC-CS und EC-EIS sind in der Lage, dieser Verschiebung der Verantwortlichkeiten Rechnung zu tragen. Ihre Systemarchitektur ist diesbezüglich sehr flexibel, da sich durch einen dezentralen Zugriff auf die zentrale Datenverarbeitung und Datenausgabe alle Anforderungen an ein effizientes eReporting realisieren lassen.

Heterogene Bedürfnisse

Im Gegensatz zu den bisherigen, getrennten dezentralen und zentralen Systemen ist es mit SAP EC-CS und EC-EIS erstmals möglich, die heterogenen Bedürfnissen der Anwendergruppen

- Konzern, bzw. Teilkonzern,

- Geschäftsfelder und

- Konsolidierungseinheiten bzw. Gesellschaften

in einem gemeinsamen System, dem Konzerndatenpool, zu befriedigen.

Traditionelle Doppelarbeiten

Bei einem herkömmlichen, zentralen Konsolidierungssystem, und getrennten dezentralen Erfassungsapplikationen waren die berichtpflichtigen Einheiten auf die Rolle des Datenlieferanten beschränkt.[53] Die Übernahme der von den Konsolidierungseinheiten häufig über verschiedene Medien gelieferten Daten in das Konsolidierungstool erfolgte zentral. In Abbildung 50 ist die Wertschöpfungskette Reporting, in Kapitel 2 auch als Soll-Prozess eReporting identifiziert, abgebildet. Den einzelnen Konsolidierungseinheiten sind die Prozessschritte Dateneingabe und Datenverarbeitung zuzuordnen. Bedingt durch die physikalisch getrennten Systeme, werden nach der Datenübermittlung an die Zentrale die Prozessschritte Eingabe und Verarbeitung von dieser nochmals durchlaufen. In der Praxis wurden daher teilweise Prozessschritte, wie z.B. eine Umrechnung der Daten in Konzernwährung, die im Soll-Prozess den lokalen Einheiten zugeordnet ist, nur in der Zentrale durchgeführt. Diese werden durch den halbgefüllten Kreis angedeutet.

Die dezentralen Konsolidierungseinheiten konnten aus einer solchen getrennten Verfahrenslandschaft nur beschränkten Nutzen ziehen. Eine derartige Rollen- und Aufgabenverteilung zwi-

---

[53] Es wird hier auf eine Systemarchitektur referenziert, in der nicht alle Prozessbeteiligten direkt in einem zentralen System, dem Konzerndatenpool, arbeiten können.

schen Konzernzentrale und den dezentralen Einheiten wird den Anforderungen eines effizienten eReporting nicht gerecht.

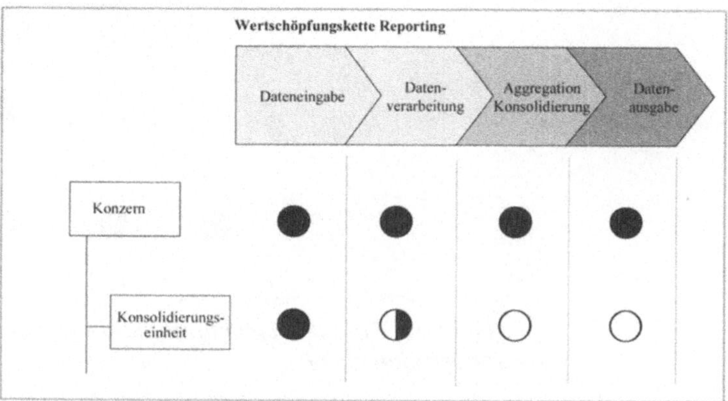

Abbildung 50: Traditionelle Rollenverteilung beim Reporting in getrennten Systemen[54]

Effiziente Rollenverteilung

Eine effiziente Rollenverteilung ist in einem zentralen, auf einem Konzerndatenpool basierenden System möglich, das den Bedürfnissen, Rollen und Verantwortlichkeiten aller Prozessbeteiligten gerecht wird („One-System-Fits-All"). Abbildung 51 illustriert, dass alle Prozessbeteiligten die ihnen zugehörigen Aktivitäten direkt und ohne Doppelarbeiten erledigen können. Darüber hinaus erlaubt der Konzerndatenpool den dezentralen Einheiten „ihre" Daten/Informationen auch nach weitergehenden Veredelungsstufen einzusehen.

Mit der Einführung eines effizienten eReporting-Systems verändern sich Rollen und Aufgaben aller Prozessbeteiligten. Insbesondere können zahlreiche, den dezentralen Konsolidierungseinheiten zuzuordnende Verarbeitungsschritte nun wieder dezentral, d.h. von den Konsolidierungseinheiten selbst durchgeführt werden, ohne dass dies von der Zentrale wiederholt werden muss. Neben einer Beschleunigung des Prozesses führt das zu einer höheren Transparenz und klaren Zuordnung von Verantwortlichkeiten.

---

[54] Die Konsolidierungseinheiten haben nicht die Möglichkeit, Auswertungen aus dem zentralen System zu generieren.

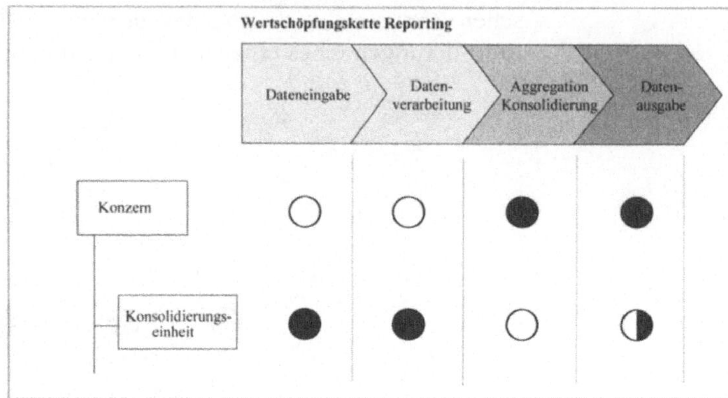

Abbildung 51: Rollenverteilung für ein effizientes eReporting im Konzerndatenpool

4.2   Überblick über die Funktionalität und Architektur von SAP

SAP R/3 ist eine betriebswirtschaftliche Software, die auf einer mehrstufigen Client-Server-Architektur aufbaut. SAP umfasst verschiedene Komponenten und Anwendungen, die je nach unternehmensinternen Bedürfnissen aktiviert werden können. Eine dieser Komponenten ist das Enterprise Controlling (EC). Wie Abbildung 52 zeigt, ist die in diesem Buch behandelte Komponente EC in die R/3 Familie logisch eingebunden und harmoniert daher mit allen anderen Komponenten.

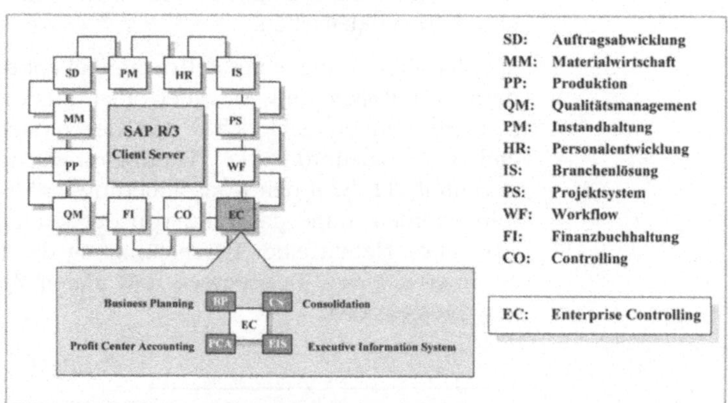

Abbildung 52: Die verschiedenen Komponenten des SAP R/3

Aufgrund der führenden Marktstellung von SAP im ERP Markt[55] und des daraus resultierenden hohen Durchdringungsgrads vieler Unternehmen mit SAP Software können oftmals Effizienzpotentiale und Synergieeffekte genutzt werden. Dies sind unter anderem eine leichte Integration in bereits verwendete Komponenten oder ein geringer Schulungsaufwand, da bereits ein ausgeprägtes Verständnis der SAP Philosophie und Benutzerführung besteht.

SAP bietet die Möglichkeit, die einzelnen Komponenten unter einer einheitlichen Benutzeroberfläche zusammenzufassen und einheitliche Stammdaten zu verwenden. Innerhalb dieser Benutzeroberfläche können die Menüstrukturen beliebig definiert und die Komponenten miteinander verbunden werden. Dem Anwender bleibt so verborgen, dass mehrere SAP Komponenten zum Einsatz kommen.

SAP EC

Die Komponente SAP EC setzt sich aus verschiedenen Modulen zusammen (vgl. Abbildung 52). Neben den Modulen EC-CS (Consolidation) und EC-EIS (Executive Information System) beinhaltet die Komponente EC noch die Module EC-BP (Business Planning) und EC-PCA (Profit Center Accounting). Das Modul EC-BP dient der Erstellung einer konzernweiten Unternehmensplanung, EC-PCA ermöglicht eine Einteilung des Unternehmens nach anderen, von den rechtlichen Gegebenheiten unabhängigen Organisationsformen und könnte zur Ermittlung des Ergebnisses betriebsinterner Einheiten wie Profit Center genutzt werden. Im Folgenden wird auf die Module EC-BP und EC-PCA nicht eingegangen, da sie bei der Einführung eines effizienten integrierten eReporting keine unmittelbare Rolle spielen. Gegenstand dieses Buches sind die Module EC-CS und EC-EIS des SAP EC, das seit 1998 in der Releaseversion 4.0 zur Verfügung steht. Seit November 1999 ist die Version 4.6b verfügbar. Die im Buch beschriebenen Funktionalitäten setzen den Releasestand 4.6 voraus.

4.3   Vorgehensweise zur Einführung von SAP EC

Betriebswirtschaftliches Konzept

Die betriebswirtschaftlichen Anforderungen an ein eReporting-System mit SAP EC werden von den Fachbereichen aufgestellt. Wie in Kapitel 3 beschrieben, sind diese Anforderungen zunächst in einem betriebswirtschaftlichen Grobkonzept zu bündeln. Das

---

[55] Vgl. z.B. Manager Magazin (2001, S. 99).

Grobkonzept ist die Basis für ein anschließendes betriebswirtschaftliches Feinkonzept, in dem die Anforderungen an das System aus betriebswirtschaftlicher Sicht detailliert beschrieben werden.

Technisches Konzept

Zur Umsetzung der Anforderungen im System bedarf es außerdem detaillierter technischer Spezifikationen, die wiederum in Form eines technischen Grob- bzw. Feinkonzept dokumentiert werden. Technisches Feinkonzept und Funktionalität der Software stehen dabei in einem engen Verhältnis zueinander: Das technische Feinkonzept orientiert sich einerseits an den Möglichkeiten der Software, andererseits erfolgt die Realisierung gemäß dem technischen Feinkonzept. Spätestens für die Erstellung des technischen Feinkonzeptes empfiehlt sich eine enge Zusammenarbeit mit Spezialisten für die Module EC-CS und EC-EIS. In der Praxis hat es sich jedoch als äußerst vorteilhaft erwiesen, wenn Fachbereiche und SAP Experten bereits bei der Erstellung von betriebswirtschaftlichem Fein- und Grobkonzept zusammenarbeiten. So herrscht von Beginn an ein Austausch über die technischen Möglichkeiten, und es können bei technisch nicht abbildbaren Anforderungen gemeinsam Alternativlösungen erarbeitet werden.

Zur Erstellung des technischen Feinkonzepts werden die Realisierungsmöglichkeiten der betriebswirtschaftlichen Anforderungen an das eReporting-System mittels Prototypen geprüft. Zu diesem Zweck kann im SAP Entwicklungssystem ein eigener Bereich, ein so genannter Prototyp-Mandant, eingerichtet werden, in dem wesentliche bzw. kritische Funktionalitäten zunächst zu Testzwecken abgebildet werden. So lassen sich spezielle Funktionalitäten auf ihre Eignung prüfen, bevor sie ins technische Feinkonzept aufgenommen werden.

Die Praxis hat gezeigt, dass auch gutes konzeptionelles Vorgehen nicht verhindern kann, dass im Verlauf eines eReporting-Projektes die betriebswirtschaftlichen Anforderungen auch nach Fertigstellung der betriebswirtschaftlichen Konzepte geändert werden. Ursache hierfür können Management-Entscheidungen oder Veränderungen des Umfelds bzw. der Prämissen sein. Diese betriebswirtschaftlichen Änderungen müssen umgehend auf ihre Realisierbarkeit und möglichen Auswirkungen geprüft und nach Entscheidung über die Einbeziehung in die lückenlose Projektdokumentation aufgenommen werden.

Customizing

Nach Erstellung der technischen Konzepte kann mit dem Aufbau des Systems begonnen werden. Das Einrichten bzw. die Anpassung der Standardsoftware auf die unternehmensspezifischen Belange wird als Customizing bezeichnet. Neben dem Customizing der Standardfunktionalitäten können über Eigenentwicklungen auch individuelle Erweiterungen vorgenommen werden. In Kapitel 5 werden die Möglichkeiten der unternehmensspezifischen Anpassungen der Module EC-CS und EC-EIS detailliert beschrieben.

4.3.1   Die Kombination der Module EC-CS und EC-EIS

Die SAP Module EC-CS und EC-EIS sind auf die Einrichtung eines Konzerndatenpools ausgelegt und damit für die Umsetzung eines effizienten integrierten eReporting gut geeignet. Der hohe Leistungsumfang beider Module sowie die flexiblen Anpassungsmöglichkeiten ermöglichen die Abbildung aller Anforderungen, die sich aus einem eReporting-Konzept ableiten lassen. Die Module EC-CS und EC-EIS besitzen bereits bei isolierter Betrachtung nahezu alle Funktionalitäten, die für die Abbildung des Soll-Prozesses eReporting notwendig wären. Dennoch weisen die beide Module spezifische Einsatzfelder auf, was in Abbildung 53 schematisch ausgedrückt wird. Das Realisierungskonzept für ein effizientes eReporting sollte daher die beiden Module so miteinander kombinieren, dass die jeweiligen Stärken optimal genutzt werden.

Bevor ein möglicher Schnitt der beiden Module bezüglich eReporting diskutiert wird, werden zunächst Einzelheiten der Module EC-CS und EC-EIS detailliert vorgestellt.

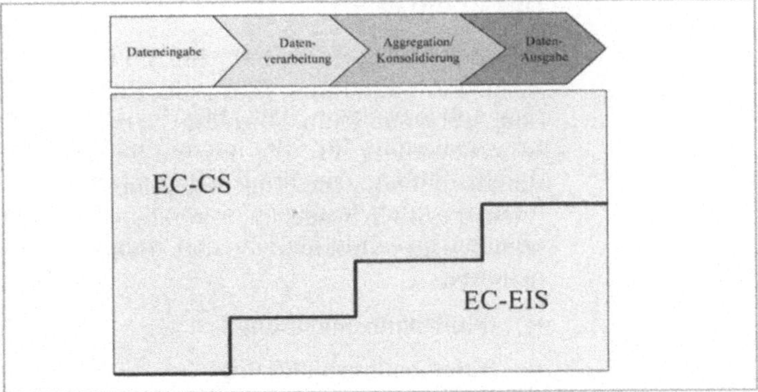

Abbildung 53: Die Kombination von EC-CS und EC-EIS als ein möglicher Schnitt bezüglich eReporting

4.3.2   Vorbereitung des Datenlaufes

Der Soll-Prozess für das eReporting unterscheidet die Phasen
Eingabe, Verarbeitung, Aggregation/Konsolidierung und Ausgabe. Doch bereits vor Eingabe der Daten in das System sind einige Vorbereitungen zu treffen: Dies betrifft insbesondere das
Datenmodell und die Stammdaten. Abbildung 54 gibt einen Ü-
berblick über die Objekte des SAP EC zur Vorbereitung und
Durchführung des Datenlaufs.

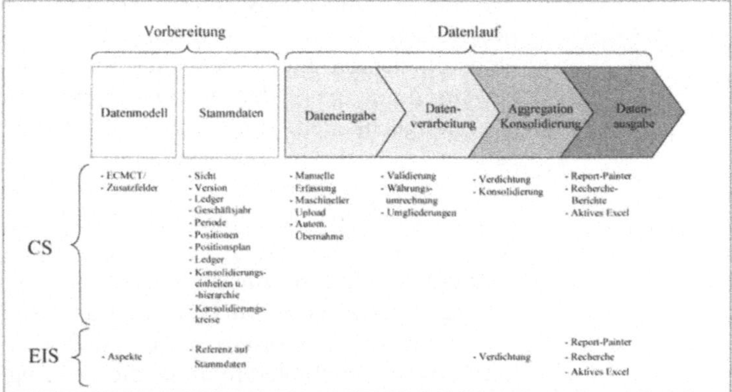

*Abbildung 54: Merkmale des Moduls EC-CS zur Abdeckung des
Soll-Prozesses eReporting*

Das Modul EC-CS

Mit dem EC-CS stellt SAP ein Modul zur Verfügung, dass den
gesamten Soll-Prozess eines effizienten und integrierten eReporting abbilden kann. Das EC-CS dient insbesondere dazu, die
Konsolidierung für die interne und externe Berichterstattung
durchzuführen. Die Konsolidierungsarten lassen sich unternehmensspezifisch festlegen, was einen flexiblen Einsatz im Unternehmen gewährleistet. Zu den möglichen Konsolidierungsarten
gehören:

- Kapitalkonsolidierung

- Schuldenkonsolidierung

- Aufwands- und Ertragskonsolidierung

- Zwischengewinneliminierung

Datenmodell und Zusatz-felder

Die Anpassung des Datenmodells und die Definition der Stamm-daten bilden die Basis des Systems und stellen damit einen vor-bereitenden Schritt im Soll-Prozess dar. Das Datenmodell in SAP EC-CS ist größtenteils vorgegeben und bedient sich verschiede-ner Tabellen, in denen die Daten gespeichert werden. Eine zent-rale Tabelle im EC-CS ist die so genannte ECMCT, in der alle Bewegungsdaten abgespeichert werden. Die ECMCT, und damit das Datenmodell, kann durch die Nutzung von Zusatzfeldern erweitert werden, um weitere Informationen aufzunehmen. Der-zeit können fünf Zusatzfelder hinterlegt werden. Der gesamte Datenbestand wird durch diese, erst mit dem Release 4.6 einge-führte Funktionalität so erweitert, dass eine Aufteilung nach fünf weiteren Ordnungsdimensionen möglich wird. Im Rahmen die-ses Buches werden die Zusatzfelder unter anderem zur Abbil-dung der Geschäftsfeldinformation verwendet.

Stammdaten vs. Bewegungs-daten

Bei den in SAP verwendeten Daten werden Stammdaten und Bewegungsdaten unterschieden. Als Stammdaten bezeichnet man alle Daten, die in der Vorbereitung des Datenlaufs zur Generie-rung und Initialisierung des logischen Modells (Applikation) definiert werden. Bewegungsdaten sind alle gebuchten Daten, die während des Datenlaufes eingeladen bzw. generiert werden und die Basis für die Erstellung eines Abschlusses der internen und externen Berichterstattung bilden. Folgende Stammdaten müssen im EC-CS definiert werden: Sicht, Version, Ledger, Ge-schäftsjahr, Periode, Positionen, Positionsplan, Konsolidierungs-einheiten und -kreise sowie deren Hierarchien.

Sicht

Sichten ermöglichen die Abbildung verschiedener betriebswirt-schaftlicher Abschlüsse. Es ist möglich, die Stammdaten und die Verarbeitungsprozesse abhängig von der Sicht zu definieren. Für eine vollständige Integration zwischen interner und externer Berichterstattung, d.h. der Stufe 6 der in Kapitel 2 dargestellten Integration Roadmap, ist die Verwendung von nur einer Sicht notwendige Voraussetzung. Auf niedrigeren Integrationsstufen können auch mehrere Sichten genutzt werden.

Version

Über Versionen lässt sich der Gesamtdatenbestand strukturieren. So können verschiedene Versionen angelegt werden, um

- Daten der internen von Daten der externen Berichterstattung zu trennen,

- Datenarten zu unterscheiden (z.B. Ist- vs. Plandaten) oder

- Daten unterschiedlicher Datenlieferungszeitpunkte vonein-ander zu trennen.

Wie bei der Nutzung verschiedener Sichten lassen sich auch aus der Anzahl der verwendeten Versionen Aussagen über den erreichten Grad der Integration von interner und externer Berichterstattung ableiten. Eine vollständige Integration ist dann erreicht, wenn innerhalb einer Datenart (z.B. Ist-Daten) nur eine Version für die Darstellung von interner und externer Berichterstattung verwendet wird. Auf niedrigeren Integrationsstufen können auch mehrere Versionen innerhalb einer Datenart verwendet werden. Verschiedene Datenlieferungszeitpunkte sind in dieser Stufe nicht vorgesehen.

Delta-Version

Delta-Versionen sind zusätzliche Versionen, die auf andere Versionen referenzieren. Die Verwendung von Delta-Versionen erlaubt es, in einer Zusatzversion andere Daten und Konsolidierungsmethoden als in der Referenzversion abzuspeichern. Durch die Verwendung von Delta-Versionen können beispielsweise zwei Rechnungslegungen auf dem gleichen Grunddatenbestand basieren. Dies ist etwa dann relevant, wenn wie in Kapitel 1 erwähnt, von einem nationalen Rechnungslegungsstandard auf US-GAAP übergeleitet wird (Reconciliation).

Ledger

Über Ledger ist eine weitere Trennung der Bewegungsdaten möglich. Dabei werden unterschiedliche Ledger verwendet, wenn in verschiedenen Währungen konsolidiert werden soll.

Geschäftsjahr

Ein Geschäftsjahr dient in SAP EC-CS zur Darstellung von Jahreszeiträumen. Für die Hinterlegung des Geschäftsjahres ist nicht das Kalenderjahr, sondern die im Unternehmen verwendete Definition des Geschäftsjahres maßgeblich.

Periode

Perioden dienen zur Unterteilung des Geschäftsjahres in weitere Zeitabschnitte (z.B. Monate oder Quartale).

Positionen

Die zentralen Kontierungseinheiten der internen und externen Berichterstattung werden in SAP als Positionen bezeichnet und in Form des nachfolgend beschriebenen Positionsplans im System hinterlegt. Auf den Positionen werden im EC-CS Daten gebucht und ausgewertet. Den Positionen lassen sich weitere, detailliertere Informationen in Form so genannter Kontierungen zuordnen. Hierfür stehen u.a. Unterpositionen und die bereits genannten Zusatzfelder zur Verfügung. Ein Beispiel für Unterpositionen sind Bewegungsarten, mit denen die Veränderung von Bilanzpositionen detailliert werden kann.

Positionsplan

Der Positionsplan dient der Strukturierung der Positionen und stellt diese in einem systematisch gegliederten Verzeichnis zusammen. Innerhalb des Positionsplanes werden die Positionen einer definierten Logik folgend sortiert. Dabei spricht man von einer Positionsplanhierarchie.

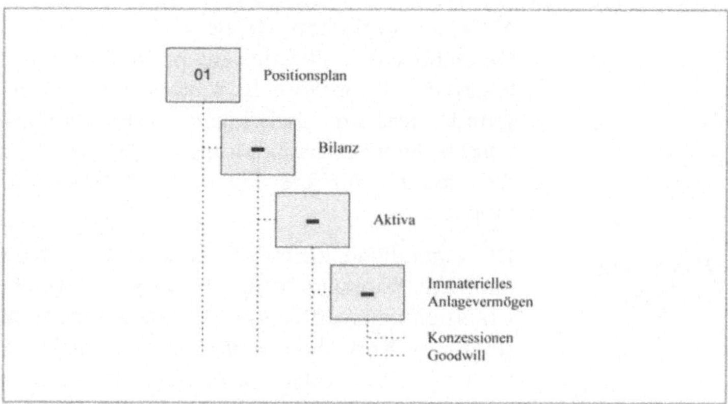

Abbildung 55: Die Positionsplanhierarchie

Mit Hilfe der Positionsplanhierarchie wird die Summierungslogik der Positionen festgelegt. Die unterhalb eines Knotens (vgl. Abbildung 55 Immaterielles Anlagevermögen) angeordneten Positionen werden so zu einer Summe aufaddiert. Den Knoten, der die Summen enthält, bezeichnet man als Summenposition. Dieser kann nicht direkt bebucht werden. Prinzipiell ist es möglich, mehrere Positionspläne im System zu hinterlegen. Im Sinne einer möglichst hohen Integration zwischen interner und externer Berichterstattung sollte jedoch lediglich ein Positionsplan Verwendung finden.

Konsolidie-
rungseinheiten
Als Konsolidierungseinheit bezeichnet man die unterste Stufe der Konzernstruktur, die konsolidiert werden kann. In der Regel entsprechen diese den legalen Einheiten des Konzerns. Dies trifft für die Stufen 1 bis 5 der im Kapitel 2 vorgestellten Integration Roadmap zu. Bei einer vollständigen Integration (Stufe 6) findet eine legale Konsolidierung der Segmente bzw. der Geschäftsfelder statt. In diesem Fall werden die Segment- bzw. Geschäftsfeldanteile einer legalen Einheit konsolidiert. Zur Realisierung von Stufe 6 stehen zwei Optionen zur Auswahl:

1. Abbildung des Segment- bzw. Geschäftsfeldanteils einer Gesellschaft als Konsolidierungseinheit.

2. Abbildung der legalen Gesellschaft als Konsolidierungseinheit und Abbildung des Segment- bzw. Geschäftsfeldanteils in Zusatzfeldern.

Ab einer kritischen Größe der Matrix (Konsolidierungseinheit, Geschäftsfeld) sollte die zweite Realisierungsoption über Zusatzfelder für die interne Berichterstattung verwendet werden. Aufgrund der im derzeitigen SAP Standard noch fehlenden vollständigen Konsolidierungsfunktionalität auf Zusatzfeldern ist dies jedoch für die legale Konsolidierung nur eingeschränkt möglich.

Konsolidie-
rungskreise

Die eigentliche Konsolidierung findet auf der Ebene der so genannten Konsolidierungskreise statt, welche die bestehenden Unternehmensverflechtungen im Konzern abbilden. Daher besteht ein Konsolidierungskreis aus mehreren Konsolidierungseinheiten und/oder -kreisen. Die Zuordnung erfolgt zeit-, versions- und sichtabhängig und wird über Konsolidierungskreishierarchien dargestellt. Daneben bietet SAP EC-CS die Möglichkeit, mehrere Konsolidierungskreishierarchien auf die Konsolidierungseinheiten anzuwenden. Dies gestattet die gleichzeitige Abbildung verschiedener Organisationsstrukturen für interne und externe Berichterstattung.

Das Modul EC-EIS

Das Modul EC-EIS ist ein Führungsinformationssystem, das die Auswertung von Daten aus den unterschiedlichsten Quellen zulässt. So können sowohl Daten aus anderen Modulen der Komponente EC (CS, BP, PCA), aus anderen SAP Komponenten (FI/CO, HR etc.) wie aus anderen Vorsystemen entnommen und dann im EC-EIS verdichtet und ausgewertet werden.

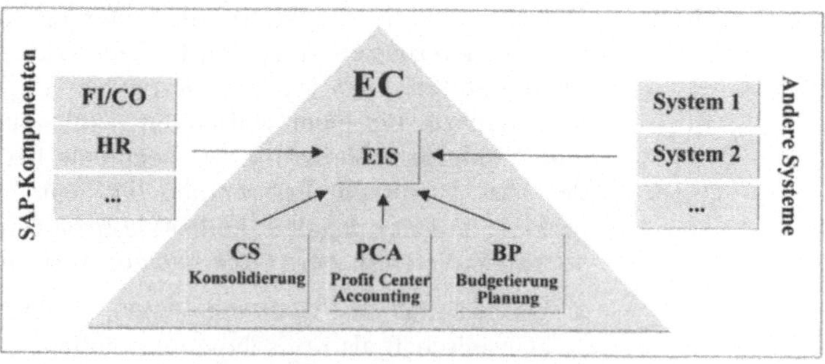

Abbildung 56: Die möglichen Datenquellen des EC-EIS

Aspekte

Im Gegensatz zum EC-CS, in dem Bewegungsdaten in zwei Haupttabellen (ECMCT, ECMCA) gespeichert sind, ist es im EC-EIS möglich, beliebig viele Tabellen, so genannte Aspekte anzulegen. Dabei sollte jeder Aspekt aus Performanzgründen nicht den gesamten Datenbestand enthalten. Für ein effizientes eReporting empfiehlt es sich, jeden betriebswirtschaftlichen Teilbereich wie Gewinn- und Verlustrechnung oder Bilanz in einem eigenen Aspekt abzubilden.

Durch die Definition so genannter View-Aspekte können auch Auswertungen über mehrere Aspekte durchgeführt werden. Die Struktur der Aspekte kann benutzerspezifisch aufgebaut werden. Ein Aspekt setzt sich aus Merkmalen und Basiskennzahlen zusammen, wobei Merkmale Ordnungsbegriffe wie Geschäftsbereiche oder Konsolidierungseinheiten und Basiskennzahlen Begriffe wie Umsatz, Umsatzkosten oder Ergebnis umfassen können. Dadurch kann im EC-EIS ein mehrdimensionaler Datenwürfel definiert werden, aus dem mit entsprechenden Abfragen bestimmte Datenscheiben selektiert und analysiert werden können. In Abbildung 57 ist ein solcher Datenwürfel dargestellt.

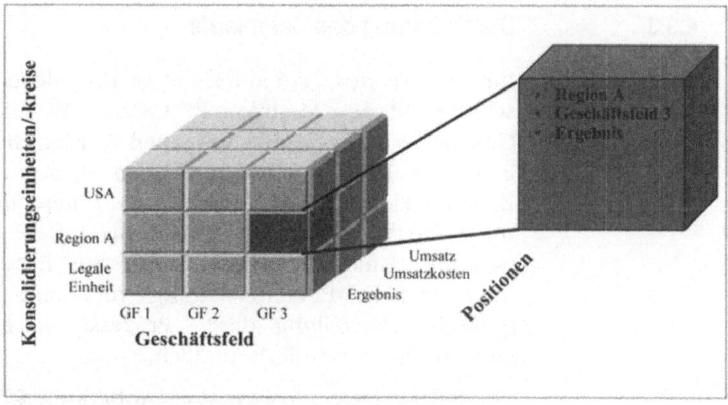

Abbildung 57: Der Datenwürfel des EC-EIS

Neben den dargestellten Dimensionen Konsolidierungseinheiten/kreise, Geschäftsfeld und Position können weitere Dimensionen wie Zeit (z.B. Geschäftsjahr), Plan- oder Ist-Daten und Konsolidierungsinformationen definiert werden.

Wie erwähnt kann im EC-EIS auf Strukturen aus anderen SAP Modulen Bezug genommen werden. Beispielsweise können die Hierarchien der Konsolidierungseinheiten oder Positionen im EC-EIS auf die jeweiligen EC-CS-Hierarchien referenzieren. Damit wird eine redundante Pflege von Stammdaten in unterschiedlichen Modulen vermieden. Es ist ebenfalls möglich, Hierarchien über Zusatzfelder zu erstellen, die im EC-CS genutzt werden können. So ergänzen sich EC-CS und EC-EIS bei den Stammdaten durch gegenseitiges Referenzieren.

Das Modul EC-EIS ermöglicht auch die Berechnung komplexer betriebswirtschaftlicher Kennzahlen. In Kapitel 5 wird dies am Beispiel des EVA® dargestellt.

Performanz

Das EC-EIS bietet mehrere Möglichkeiten zur Optimierung der Performanz von Berichten. Einerseits wird durch die Verteilung des Datenbestands auf mehrerer Aspekte das Datenvolumen so reduziert, dass schneller darauf zugegriffen werden kann. Andererseits wird durch die Definition von Verdichtungsebenen auf bestimmte Merkmale der Zugriff auf Aggregate erheblich beschleunigt.

4.3.3   Durchführung des Datenlaufs

Im Rahmen des Systemdesigns ist festzulegen, wie die Prozessschritte mit den Modulen EC-CS und EC-EIS umzusetzen sind. Gemäß den festgelegten Vorgaben werden die einzelnen Schritte in der in Kapitel 5 beschriebenen Umsetzungsphase definiert. Zentrale Elemente sind hierbei der Daten- und der Konsolidierungsmonitor des Moduls EC-CS. Bis auf die Datenausgabe werden hier sämtliche Prozessschritte zur Erstellung der internen und externen Berichterstattung verankert. Die übersichtliche grafische Darstellung dieser Prozesse macht ihre Verwaltung einfach und anwenderfreundlich.

Vertikal im Datenmonitor (vgl. Abbildung 58) ist die Hierarchie der Konsolidierungseinheiten angeordnet, während horizontal die Verarbeitungsschritte und die Statusverwaltung abgebildet sind. In dem abgebildeten Datenmonitor sind folgende Verarbeitungsschritte hinterlegt:

- Datenerfassung (Dateneingabe)

- Validierung (Datenverarbeitung)

- Währungsumrechnung (Datenverarbeitung)

- Umgliederung / Konsolidierung (Aggregation u. Konsolidierung)

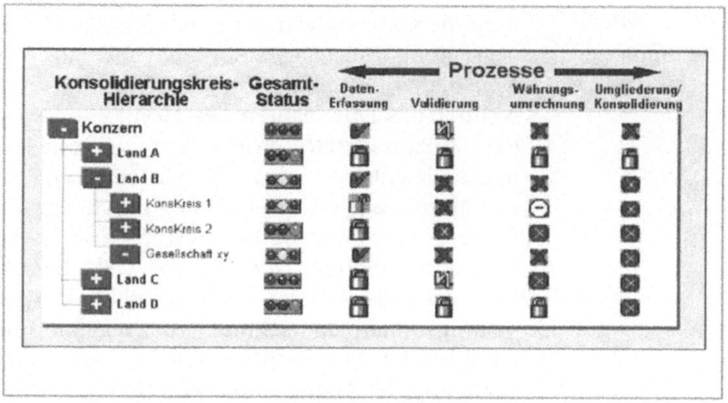

Abbildung 58: Der Datenmonitor in SAP EC-CS

Diese Verarbeitungsschritte, die gemäß der SAP Terminologie nachfolgend als Maßnahmen bezeichnet werden, hat jede Konsolidierungseinheit zu durchlaufen. Der Bearbeitungsstatus jeder einzelnen Maßnahme je Konsolidierungseinheit wird durch ein Symbol in der Statusverwaltung dargestellt. Das erfolgreiche Durchlaufen aller relevanten Prozessschritte der Konsolidierungseinheit wird durch eine grüne Ampel im Gesamtstatus signalisiert. Abbildung 59 zeigt alle möglichen Anzeigen für die Gesamtstatusverwaltung und die Einzelmaßnahmen.

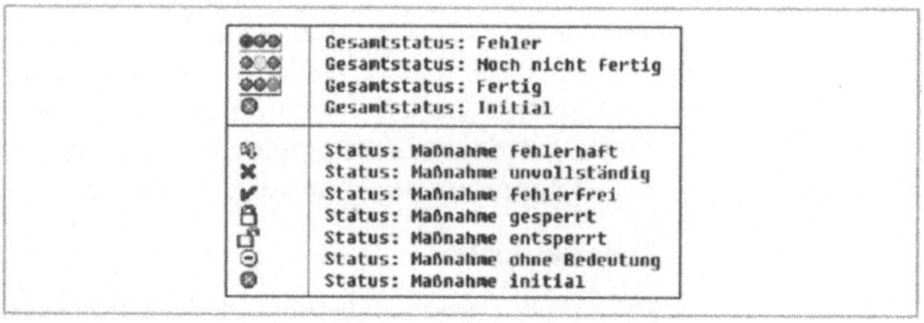

Abbildung 59: Die Symbole der Statusverwaltung

Die im Datenmonitor hinterlegbaren Maßnahmen können unternehmensspezifisch angepasst und erweitert werden. Auch individuell angepasste Maßnahmen werden von der Statusverwaltung berücksichtigt.

Transparenz durch Datenmonitor

Die im effizienten eReporting parallel durchgeführte Verarbeitung im Konzerndatenpool (vgl. Kapitel 2) wird durch die Statusverwaltung im Datenmonitor und im später dargestellten Konsolidierungsmonitor visualisiert. Dies erleichtert dem Anwender das Durchlaufen des Monitors, da die zunächst abstrakten Prozessschritte anschaulich dargestellt und damit leicht nachvollziehbar werden. Die Visualisierung erleichtert außerdem das Monitoring des Datenlaufes durch die Konzernzentrale. Der Prozess- bzw. Konsolidierungsfortschritt lässt sich für jede Konsolidierungseinheit bzw. jeden Teilkonzern mitverfolgen. So kann z.B. die Anzeige aller Gesellschaften, deren Prozessverarbeitung fehlerhaft verlaufen ist, zu einer frühzeitigen Unterstützung führen. Die Statusverwaltung trägt damit entscheidend zur Erhöhung der Transparenz des Datenlieferungsprozesses bei und ist in dieser Form bislang einmalig. Auf den Informationen der Statusverwaltung lassen sich weitergehende Auswertungen aufbauen, die in Kapitel 7 näher beschrieben werden.

Die Möglichkeit der flexiblen Definition der Maßnahmen im Daten- und Konsolidierungsmonitor sollte dazu genutzt werden, um die Anforderungen eines effizienten integrierten eReporting zu erfüllen. Das bedeutet, dass alle Maßnahmen, die dezentral von den Konsolidierungseinheiten durchgeführt werden können, im Datenmonitor hinterlegt werden sollten. Damit verringert sich der Aufwand für die Konzernzentrale erheblich, was sich positiv auf die Abschlusszeitverkürzung auswirkt.

Der Datenmonitor ist versionsabhängig, d.h. für verschiedene Versionen können unterschiedliche Datenmonitore definiert werden. Dies kann z.B. dann von Bedeutung sein, wenn interne und externe Berichterstattung in verschiedenen Versionen abgebildet werden. Im Folgenden werden ausgewählte Maßnahmen des Datenmonitors vorgestellt.

Dateneingabe

Im SAP EC lassen sich prinzipiell zwei Formen der Dateneingabe unterscheiden, die nachfolgend erläutert werden:

1. Manuelle Datenerfassung

2. Maschinelle Datenerfassung

*Manuelle Da-
tenerfassung*

Die manuelle Datenerfassung erfolgt über so genannte Erfassungslayouts. Als Erfassungslayout bezeichnet man Eingabemasken, in denen einzelne Positionen des Positionsplanes zur Bebuchung angeboten werden. Die Erfassungslayouts können themenspezifisch definiert werden. So ließe sich ein Erfassungslayout für die Eingabe der Bilanz, ein weiteres für die Erfassung der Gewinn- und Verlustrechnung anlegen. Die Bereitstellung der Erfassungslayouts für die Konsolidierungseinheiten kann flexibel gestaltet werden. Abhängig von Version und Periode ist es möglich, einzelnen Konsolidierungseinheiten spezifische Erfassungslayouts zuzuweisen. So bekommen die berichtpflichtigen Einheiten nur die Erfassungslayouts angezeigt, die tatsächlich bebucht werden sollen. Durch diese Individualisierung der Eingabe werden Fehleingaben vermieden und der Prozess der Dateneingabe verkürzt. Zusätzlich zu den Erfassungslayouts stehen im EC-CS manuelle Belegbuchungen zur Verfügung. Hier muss der Anwender die zu bebuchende Position und Kontierung angeben. Im Soll-Prozess eReporting erfolgt die manuelle Datenerfassung jedoch nur zu Korrekturzwecken. Grundsätzlich sollten maschinelle Methoden benutzt werden.

*Maschinelle
Daten-
erfassung*

Für die maschinelle Datenerfassung steht dem Anwender der so genannte flexible Upload zur Verfügung. Mit dem flexiblen Upload können Meldedaten aus unterschiedlichen Vorsystemen in das SAP System transferiert werden. Um eine effiziente Anbindung dieser Systeme zu erreichen, ist es zweckmäßig, diese weitestgehend in den Datenlieferungsprozess zu integrieren.

Anzustreben ist eine optimale Verzahnung in die Vorsysteme, mit der eine Übermittlung der Daten nach SAP EC per Knopfdruck möglich ist. Dies erfordert eine Abbildung der Konzernstruktur in den Vorsystemen und gestattet es, dort Validierungen durchzuführen. Dadurch kann nach Übernahme der Daten in den Konzerndatenpool die Validierung schnell durchlaufen werden. Die optimale Anbindung aller Vorsysteme ist aufgrund der meist heterogenen Verfahrenslandschaft eines großen Konzerns nicht in einem Schritt möglich. Um die Datenqualität zu erhalten, sind neu in den Konzerndatenpool liefernde Gesellschaften schnell zu integrieren, damit sich keine Verzögerungen durch qualitativ schlechte Daten ergeben.

Die höchste Stufe der Integration ist erreicht, wenn alle Daten, die für die interne und externe Berichterstattung notwendig sind, in einer einzigen Datenlieferung automatisch oder maschinell in das System eingespielt werden. Auf Stufe 4 und 5 der Integration

Roadmap erfolgt die Datenübernahme noch in zwei Lieferungen, die Daten besitzen jedoch bereits ein einheitliches Format. Niedrigere Integrationsstufen zeichnen sich dadurch aus, dass mehrere Datenlieferungen mit unterschiedlichen Formaten erfolgen.

Datenverarbeitung

Validierungen

Nach Eingabe der Meldedaten sollten diese im Datenmonitor validiert werden. Hinsichtlich der Definition der Validierungsregeln zeigt sich das Modul EC-CS sehr flexibel. So ist es möglich, innerhalb einer Version (z.B. innerhalb der internen Berichterstattung), aber auch zwischen zwei Versionen zu validieren. Die intensive Nutzung von Validierungen trägt erheblich zur Effizienz des eReporting bei. So werden Fehler bereits bei der Eingabe oder aus einer früheren Phase des Datenlaufs erkannt. Durch automatische Validierungen wird verhindert, dass fehlerhafte Daten in das System übernommen werden und später zu einem hohen Klärungs- und Abstimmungsaufwand führen. So erhöhen Validierungen die Datenqualität und tragen erheblich zu einer Abschlusszeitverkürzung bei.

Währungs-umrechnung

Bei Gesellschaften mit einer von der Konzernwährung abweichenden Währung, der so genannten Hauswährung, werden die Bewegungsdaten in der Maßnahme Währungsumrechnung auf die Konzernwährung umgerechnet. Folgende Umrechnungsmethoden werden standardmäßig unterstützt:

- Umrechnung von kumulierten Jahreswerten mit Standardkursen (Durchschnittskurs, Stichtagskurs)

- Umrechnung von Periodenwerten mit Standardkursen (Durchschnittskurs, Stichtagskurs)

- Umrechnung mit historischen Kursen aus dem Zugangsjahr

- Umrechnung mit historischen Kursen aus Beteiligungs- und Kapitalentwicklung

Darüber hinaus ist es möglich, über die in Kapitel 5 beschriebenen User Exits weitere Umrechnungsmethoden anwenderspezifisch zu definieren.

Aggregation und Konsolidierung

Konsolidie-rungsmonitor

Die Konsolidierung der Einzelabschlüsse zum Konzernabschluss wird im Konsolidierungsmonitor durchgeführt. Dieser ist analog dem zuvor beschriebenen Datenmonitor aufgebaut und enthält alle Konsolidierungsmaßnahmen zur Vorbereitung eines konsolidierten Abschlusses. Im Gegensatz zum Datenmonitor unterliegen die Maßnahmen des Konsolidierungsmonitors keiner festgelegten Reihenfolge. Diese können vollständig an die Bedürfnisse des Unternehmens angepasst werden.

Bei der Realisierung eines effizienten eReporting bietet die Erstellung eines konsolidierten Konzernabschlusses mit EC-CS gegenüber alternativen Verfahren erhebliche Vorteile. Die wesentlichen Vorteile sind nachfolgend zusammengestellt und erläutert:

- Flexible und intuitive Anpassung der Abschlusserstellung an unterschiedlichste Anforderungen der Rechnungslegung

- Umfassende Unterstützung internationaler Rechnungslegungsstandards

- Parallele Erstellung von Konzernabschlüssen nach legaler und Segmentstruktur

- Dezentralisierung der Datenerfassung und -verarbeitung auf der Grundlage eines einheitlichen zentralen Konzerndatenpools

- Automatisierung der zentralen Vorgänge der Konsolidierung bei der Abschlusserstellung

Die einzelnen Geschäftsvorfälle der Konsolidierung können sehr flexibel an unterschiedliche Anforderungen angepasst werden, so dass spezifische Belange eines Unternehmens schnell realisiert werden können. Hierzu stellen Funktionalitäten wie Schuldenkonsolidierung oder Kapitalkonsolidierung einfach zu bedienende Einstellungsmöglichkeiten bereit. Beispielsweise kann für die Kapitalkonsolidierung über Knopfdruck direkt die Behandlung eines Unterschiedsbetrags festgelegt werden. Aufgrund dieser Flexibilität kann das Modul EC-CS vollständig an die Anforderungen internationaler Rechnungslegungsstandards wie US-GAAP oder IAS angepasst werden. Die parallele Erstellung eines Konzernabschlusses nach US-GAAP, IAS oder HGB ist dadurch ohne nennenswerten Mehraufwand realisierbar.

Stufenweise Simultankonsolidierung

Ein weiterer Vorteil von EC-CS ist die mögliche Dezentralisierung der Abschlusserstellung. Grundlage dafür ist das Konzept der stufenweisen Simultankonsolidierung, das auf einem Konzerndatenpool mit einer einheitlichen Konsolidierungskreisstruktur beruht. Damit ist dieses Konzept speziell für größere Konzerne mit zahlreichen Beteiligungsgesellschaften interessant. Die Teilkonzerne können ihre Teilkonzernabschlüsse zunächst selbst erstellen („Quality at Source"), bevor dann der Gesamtkonzernabschluss von der Konzernzentrale durchgeführt wird. Die Erstellung des Teilkonzernabschlusses kann vollständig im SAP System realisiert werden, womit weitere dezentrale Systeme bei den Teilkonzernen obsolet werden.

Automatisierte Abschluss-erstellung

Ebenfalls positiv auf die Abschlusszeiten wirkt sich der hohe Grad der Automatisierung bei der Konzernabschlusserstellung aus. Zentrale Geschäftsvorfälle wie Zwischengewinneliminierungen und Kapitalkonsolidierung können weitgehend vollautomatisch durchgeführt werden. Daraus resultieren eine signifikante Verkürzung der Prozesslaufzeiten und eine deutliche Steigerung der inhaltlichen Qualität der Abschlüsse.

Änderungen der Konsolidie-rungskreise

Auch Änderungen der Konsolidierungskreise sind in SAP EC-CS einfach und zeitsparend durchführbar. Mittels der Maßnahme Konsolidierungskreisänderungen wird automatisch die richtige Darstellung der Bewegungen in der Bilanz und die periodengerechte Darstellung in der GuV gewährleistet. Dies führt insbesondere bei Unternehmen mit sehr dynamischen Konzernstrukturen zu einer erheblichen Zeitersparnis. Voraussetzung für eine automatische Konsolidierung ist eine hohe Datenqualität der Einzelabschlüsse, die u.a. durch die oben beschriebenen Validierungen sichergestellt wird.

Bei vollständiger Integration zwischen interner und externer Berichterstattung benötigt man nur noch einen Daten- und einen Konsolidierungsmonitor. Auf Stufe 5 und darunter gibt es noch zwei separate Prozesse für interne und externe Berichterstattung und somit auch zwei eigene Monitore. Auf Stufe 5 erfolgt ein Abgleich auf Ebene Konsolidierungseinheit bis zum Konzern, auf Stufe 4 erfolgt zunächst auf Stufe Konsolidierungseinheit ein Abgleich.

Datenausgabe

Die Module EC-CS und EC-EIS verfügen über eine leistungsstarke Ausgabeseite. Um sich die aufbereiteten Daten in Berichten, die auch als Reports bezeichnet werden, ausgedruckt oder direkt am Bildschirm anzeigen zu lassen, stehen dem Anwender SAP Standard- und benutzerspezifische Berichte zur Verfügung. Auch bei der Ausgabe weisen die Module EC-CS und EC-EIS einige spezifische Merkmale auf, die es beim Design der Applikation zu beachten gilt.

Berichtsbaum

Für einen einfachen und übersichtlichen Zugriff auf die Berichte können die im System angelegten Berichte thematisch geordnet werden. Dazu werden sie in eine Struktur, den so genannten Berichtsbaum eingehängt. Werden die Berichte im Berichtsbaum

nach bestimmten Gliederungsmerkmalen wie Auswertungsthe-
men (z.B. Bilanz-Berichte, GuV-Berichte) sortiert, so erleichtert
dies die Navigation durch eine Vielzahl von zur Verfügung stehenden Berichte. Für die Module EC-CS und EC-EIS lässt sich ein
gemeinsamer Berichtsbaum aufbauen, d.h. es können sowohl
EC-CS- als auch EC-EIS-Berichte in einem Baum angeordnet
werden. Zusätzlich können auch Reports zur Anlistung von
Stammdaten im Berichtsbaum angeboten werden. Abbildung 60
zeigt beispielhaft einen Berichtsbaum.

Der Berichtsbaum bietet dem Anwender eine wesentlich komfor-
tablere Möglichkeit Berichte aufzurufen als die Menüsteuerung.
Der Aufruf der Reports durch den Anwender erfolgt durch einen
einfachen Doppelklick auf den gewünschten Report.

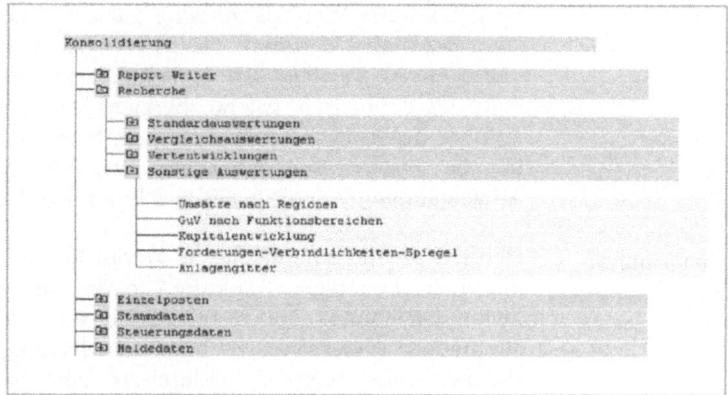

Abbildung 60: Berichtsbaum in SAP EC

Ad hoc-Berichte In den Modulen EC-CS und EC-EIS werden zwei verschiedene
Berichtstypen für die Ausgabe und Auswertung von Bewegungsdaten angeboten: Ad hoc- und Formularberichte. Ad hoc-
Berichte sind vom Anwender definierte Berichte. Sie werden
häufig eingesetzt, um ausgewählte betriebswirtschaftliche Effekte
im Datenbestand „ad hoc" zu analysieren.

*Formular-
berichte* Im Gegensatz dazu werden die so genannten Formularberichte
vor allem im offiziellen Berichtswesen benutzt. In diesen Berichten ist eine freie Gestaltung von Zeilen, Spalten und Zellen möglich. Ihr Aufbau basiert auf einem definierten Formular und wird

verwendet, um z.B. eine unternehmensspezifische Bilanz und GuV-Gliederung abzubilden.

Bericht-Bericht-Schnittstelle

Mit der so genannten Bericht-Bericht-Schnittstelle können einzelne Berichte miteinander verknüpft werden. Das erlaubt eine flexible Auswertung über mehrere Berichte hinweg. Die Verknüpfung von Berichten bietet sich an, wenn über zahlreiche Merkmale selektiert werden muss. Diese Komplexität in nur einem Bericht abbilden zu wollen, würde eine Onlineausgabe dieses Berichtes nur bedingt zulassen. Von Berichten im EC-EIS, die in der Regel verdichtete Daten darstellen, kann so mittels der Bericht-Bericht Schnittstelle für detaillierte „Drill-Down"-Analysen auf Detaildaten im EC-CS zugegriffen werden.

Exception Berichte

Innerhalb eines Exception Berichts werden Ausnahmebedingungen (Exceptions) definiert, die bestimmen, ob ein im Bericht ausgewiesener Wert als auffällig gilt oder nicht. Hierzu werden zwei Schwellen definiert, die sowohl nach oben als auch nach unten einen Wertebereich festlegen. Liegt ein Wert nicht innerhalb des definierten Toleranzbereichs, so kann dieser Wert z.B. farblich markiert werden. Derartige Berichte sind insbesondere für die Analyse des Datenbestandes hilfreich, da unerwartete Abweichungen hiermit leicht ersichtlich werden.

Reporting in flexiblen Strukturen

Darüber hinaus ermöglicht das Modul EC-CS auch ein Reporting innerhalb beliebiger Strukturen einer internen und externen Rechnungslegung. Die berichtenden Einheiten können mittels alternativer Hierarchien zu unterschiedlichen Teilkonzernen zusammengefasst werden. Dadurch ist eine parallele Konsolidierung nach Gesichtspunkten der externen und internen Berichterstattung möglich. Diese Eigenschaft von EC-CS erlaubt es, gleichzeitig einen Abschluss sowohl für rechtliche Strukturen als auch für Geschäftsfelder oder Absatzmärkte zu erstellen.

Aktives Excel

Mit dem Tool „Aktives Excel" kann der Anwender die Daten der Module EC-CS und EC-EIS in der Tabellenkalkulationssoftware MS Excel nutzen. Der Aufwand für Erstellung und Pflege von EC-CS und EC-EIS Berichten kann hiermit erheblich gesenkt werden: Nur vereinzelt genutzte Berichte können dezentral angelegt werden. Beim Aufbau eines Berichtes mit dem aktiven Excel wird über eine Systemschnittstelle direkt auf die im SAP EC-CS oder EC-EIS gespeicherten Daten zugegriffen. Der Anwender greift somit online auf den gesamten Datenbestand im Konzerndatenpool zu, die Erstellung einer lokalen Kopie der Daten ist somit nicht notwendig. Für die Aufbereitung der Daten kann der Anwender die grafischen Funktionalitäten von Excel wie gewohnt nutzen.

Zusammenfassung

Für ein effizientes und integriertes eReporting sind die Module EC-CS und EC-EIS optimal miteinander zu kombinieren. Dazu ist eine detaillierte Betrachtung der einzelnen Prozessschritte notwendig. Abbildung 61 gibt einen Überblick über eine mögliche Kombination der beiden Module.

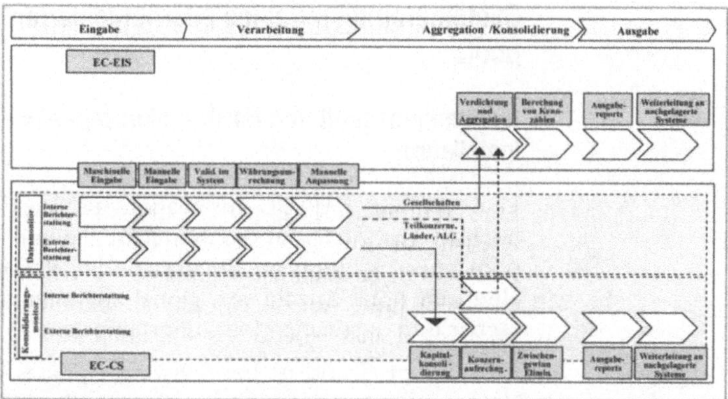

Abbildung 61: Kombination der Module EC-CS und EC-EIS

Die Projekterfahrung zeigt, dass Eingabe und Verarbeitung der Daten sowohl der internen als auch der externen Berichterstattung ausschließlich im Modul EC-CS erfolgen sollten. Für Aggregation und Konsolidierung der Daten gestaltet sich die Situation differenzierter. Während Aggregation und Konsolidierung für die Zwecke der externen Berichterstattung vollständig im EC-CS durchgeführt werden können, erfolgt dies für die interne Berichterstattung – zumindest teilweise – im EC-EIS. Aufgrund der beschränkten Konsolidierungsfunktionalitäten im EC-EIS findet die Konsolidierung auch für den internen Abschluss im EC-CS statt. Die Aggregation und insbesondere die Berechnung komplexer Kennzahlen wird jedoch im EC-EIS durchgeführt.[56]

---

[56] Vgl. hierzu Kapitel 5.

Die Datenausgabe der externen Berichterstattung benötigt die Funktionalitäten des EC-EIS nicht zwingend und kann daher ausschließlich im EC-CS durchgeführt werden. Für die interne Berichterstattung müssen jedoch Berichte, welche die im EC-EIS berechneten Kenzahlen verwenden, zwangsläufig auch im EC-EIS definiert werden. Für andere Auswertungen ist der Funktionsumfang des EC-CS jedoch auch für die interne Berichterstattung ausreichend. Aus Performanzgründen ist jedoch auch bei Berichten, die beispielsweise den Datenbestand über den gesamten Konzern darstellen, eine Realisierung im EC-EIS sinnvoll.

4.4 Systemarchitektur eines internetbasierten Konzerndatenpools

4.4.1 Systemlandschaft und Hardwarekonzept einer zentralen SAP EC-Installation

Eine zentrale SAP EC Installation als Konzerndatenpool stellt höchste Ansprüche an die Systemarchitektur. Der Konzerndatenpool muss, speziell im Zeitfenster des Reporting-Prozesses, für eine sehr hohe Anzahl von global zugreifenden Anwendern verfügbar und ausreichend leistungsfähig sein.

Software-Updates

Aus diesem Grund ist bei Software Updates mit entsprechender Umsicht vorzugehen, insbesondere weil ein Update auch Änderungen der Applikationslogik, der Stammdaten, der Ausgabeberichte und Erfassungslayouts sowie der Berechtigungen und aller weiteren technischen Einstellungen beinhalten kann. Der Update-Prozess muss daher in hohem Maße zuverlässig und nachvollziehbar gestaltet sein und sollte nicht zu langen Auszeiten des Systems führen. Die Festlegung und Optimierung des Software-Updates hängt vom so genannten System- und Mandantenkonzept ab, die im Folgenden beschrieben werden.

System

Jedes R/3-System beinhaltet ein Datenbanksystem, bestehend aus einem Datenbank-Management System (DBMS) und der eigentlichen Datenbank (Datenbestand). Die Gesamtheit der Komponenten wird häufig verkürzt mit dem Begriff „System" umschrieben.

Mandant

Innerhalb eines Systems können mehrere Applikationen vorhanden sein, die üblicherweise in so genannten Mandanten realisiert werden. Ein Mandant ist eine logische Unterstruktur eines SAP Systems. Innerhalb eines Mandanten können unterschiedliche Customzing-Einstellungen getroffen werden sowie andere Daten enthalten sein. Die Mandanten innerhalb eines Systems sind aber nicht vollkommen unabhängig voneinander: Sie beruhen auf einer gemeinsamen Datenbank und Programmlogik. Eine vollständige Integration von interner und externer Berichterstattung (Stufe 6 der Integration Roadmap) setzt die Verwendung nur eines Mandanten für alle Abschluss- und Berichterstattungsprozesse voraus.

System-landschaft

Um Änderungen der Applikationslogik in eine produktive Applikation einzuspielen, unterscheidet man bei SAP zwischen einem Produktivsystem und einem Entwicklungssystem (2-Systemlandschaft). Das Produktivsystem beinhaltet eine oder mehrere produktive Applikationen. In diesem System dürfen keine Änderungen von Programmlogiken durchgeführt werden. Dies ist unbedingt notwendig, um eine stabile Plattform für die Produktivläufe bereitzustellen. Alle Änderungen der Logiken und des Customizing werden im Entwicklungssystem durchgeführt. Nach dem Test aller Änderungen werden diese über einen so genannten Transport ins Produktivsystem übernommen. Durch eine 2-Systemlandschaft wird gewährleistet, dass durch Entwicklungen keine Inkonsistenzen im Produktivsystem entstehen.

Dieses Vorgehen mit getrennten Systemen gilt sowohl für längere und komplizierte Entwicklungen als auch für kleine Korrekturen („Bugfixes"). Änderungen sollten in keinem Fall direkt im Produktivsystem durchgeführt werden, auch wenn dies aus technischer Sicht möglich wäre. Zwar hätten solche direkten Änderungen den Vorteil, dass sie schneller wirksam würden, da kein Transport vom Entwicklungs- ins Produktivsystem notwendig ist. Ein derartiges Vorgehen würde jedoch die Konsistenz der Systemlandschaft und des Produktivsystems zerstören und ist daher unbedingt zu vermeiden.

Transport-system

Das Transportsystem ist eine der zentralen Funktionalitäten von SAP R/3 und bietet im Vergleich zu Methoden anderer Software-Anbieter erhebliche Vorteile beim Software-Update. Mit Hilfe des Transportsystems können Änderungen am System, z.B. durch Erweiterung des Funktionsumfanges, während des laufenden Betriebs eingespielt werden. Ein Abschalten des Produktivsystems zum Einspielen von Änderungen ist damit prinzipiell nicht notwendig. Nur die im Entwicklungssystem durchgeführten und getesteten Änderungen werden in das Produktivsystem übernommen. So muss nicht bei jeder Änderung die komplette Applikation in das Produktivsystem kopiert werden. Insbesondere die Behebung von Fehlern wird damit wesentlich erleichtert, da die korrigierten Bausteine isoliert in das Produktivsystem transportiert werden können. Die Wartungszeiten für das Produktivsystem werden so auf ein Minimum reduziert, und die Applikation steht den Anwendern auch bei Updates fast rund um die Uhr zur Verfügung.

In einer 2-Systemlandschaft erfolgt der Test der Komponenten vollständig im Entwicklungssystem. Ein Test direkt im Produktivsystem verbietet sich nicht zuletzt deswegen, weil hier, um die Produktivdaten nicht zu gefährden, keinerlei Testdaten eingespielt werden dürfen. Damit also die Testergebnisse auf das Produktivsystem übertragen werden können, muss sichergestellt sein, dass jede Änderung im getesteten Entwicklungssystem zuverlässig ins Produktivsystem übernommen wird. Das Transportsystem kann dies jedoch nicht in jedem Fall gewährleisten. Daher sind die Änderungen nach dem Transport stets zu überprüfen.

Für ein komplexes eReporting-Projekt ist eine 2-System-Landschaft kaum ausreichend. Als zusätzliches Testsystem wird ein weiteres System, das so genannte Integrations- oder Qualitätssicherungssystem benötigt. Die Einführung von SAP EC sollte somit immer in einer 3-Systemlandschaft mit

- Entwicklungssystem,

- Integrationssystem und

- Produktivsystem

erfolgen.

Das Integrationssystem ist die Plattform für den Produkt- und Integrationstest. Auch im Integrationssystem sollten keinesfalls Änderungen direkt vorgenommen werden. Alle Entwicklungen haben im Entwicklungssystem zu erfolgen und sind anschließend in das Integrationssystem einzuspielen. In Abbildung 62 ist dies durch den Pfeil vom Entwicklungssystem in das Integrationssystem dargestellt.

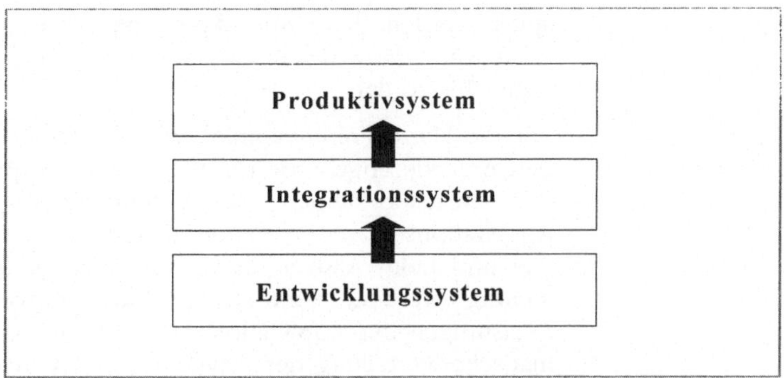

Abbildung 62: Das Transportwesen in SAP in einer 3-System-Landschaft

Im Unterschied zu einer 2-System-Landschaft kann im Integrationssystem nicht nur die richtige Implementierung der Anforderungen getestet werden, sondern auch das fehlerfreie Funktionieren der Transporte. Darüber hinaus können im Integrationssystem umfangreiche Tests mit einer großen Anzahl von Usern durchgeführt werden, ohne die Entwicklung im Entwicklungssystem zu beeinträchtigen.

Bei allen Transporten, insbesondere aber bei Transporten in das Produktivsystem ist die Reihenfolge der Transporte von großer Bedeutung. So ist es notwendig, alle Transporte in das Integrationssystem später in identischer Reihenfolge in das Produktivsystem zu importieren, auch wenn dies leider oft nur schwer möglich ist. Angenommen zwei Änderungen werden im Entwicklungssystem durchgeführt und in das Integrationssystem eingespielt. Die zweite Änderung wurde bereits erfolgreich getestet und soll nun in das Produktivsystem transportiert werden. Die Testergebnisse können nur dann auf das Produktivsystem übertragen werden, wenn vor Import der zweiten Änderung auch die erste in das Produktivsystem importiert wird. Da bei dieser der Test möglicherweise noch nicht abgeschlossen ist, wird häufig aufgrund des hohen Zeitdrucks während der Erstellung der Abschlüsse die zweite Änderung ohne die erste importiert. Aber eine solche Änderung der Transportreihenfolge kann zu großen Problemen führen und die Konsistenz des Produktivsystems zerstören.

Aus diesem Grund sollten Änderungen grundsätzlich vor den Datenläufen ohne Zeitdruck in der korrekten Reihenfolge eingespielt werden. Jede Ausnahme von dieser Regel erfordert ein tiefes Know-How des EC-Moduls und der R/3-Basis und stellt ein hohes Risiko dar.

Hardware-umgebung

Für die Hardwareumgebung einer EC-Applikation gelten dieselben Anforderungen wie für alle anderen SAP Module. Hier werden in der Regel ein Datenbank-Server und mehrere Applikations-Server verwendet. Da in EC im Bereich der Recherche und beim Aktiven Excel umfangreiche Auswertungen notwendig werden, kann es je nach Anwendung zu hohen Belastungen der Applikations-Server kommen. Durch eine automatische Verteilung der Anwender auf mehrere Server ist auch bei großen Anwenderzahlen eine gute Performanz gewährleistet.

Hochverfügbar-keitsumgebung

Während des gesamten Reporting-Prozesses muss das Risiko eines möglichen Hardwareausfalls minimiert werden. Unter Verwendung einer hochverfügbaren Hardwareumgebung wird diesem Risiko Rechnung getragen. In einer Hochverfügbarkeitsumgebung werden bestimmte Teile des Produktivsystems doppelt vorgehalten. Damit kann bei einem Ausfall von Hardwarekomponenten an einem Standort in kurzer Zeit auf Backup-Hardwarekomponenten umgeschaltet werden. Eine zusätzliche Verteilung der Hardware auf zwei Standorte reduziert das Risiko bei Ausfall eines gesamten Rechenzentrums. Bei der Entscheidung über den Einsatz einer Hochverfügbarkeitslösung sind aber die Kosten für Aufbau und Betrieb gegen das Risiko und die Auswirkungen eines Systemausfalls abzuwägen. Beim Design einer Hochverfügbarkeitslösung ist zu beachten, dass trotz des Einsatzes hochwertigster Komponenten eine hundertprozentige Verfügbarkeit nicht zu erreichen ist. Auch wenn auf der Hardwareseite Komponenten wie Netzwerkzuleitungen häufig vernachlässigt werden, hat sich in der Praxis gezeigt, dass der „Faktor Mensch" die häufigste Ursache für Systemausfälle darstellt.

Speziell im UNIX-Bereich existiert eine Reihe von zuverlässigen und erprobten Lösungen zum Aufbau einer Hochverfügbarkeitsumgebung. Bereits die Architektur moderner Enterprise-Server wie HP9000 oder Sun E10000 gewährleistet Hochverfügbarkeit und Zuverlässigkeit. Ein besonderes Augenmerk sollte auf die Plattensubsysteme gelegt werden. Durch Einsatz von modernen RAID1-Systemen wie EMC^2 kann ein Datenverlust praktisch ausgeschlossen werden. Abbildung 63 zeigt ein auf einer 3-System-Landschaft basierendes Hardwarekonzept. Dabei wurde eine

Hochverfügbarkeitsumgebung für das Produktivsystem berücksichtigt.

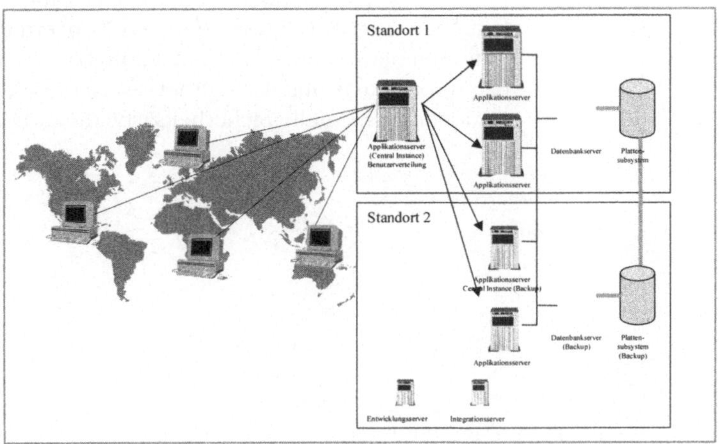

Abbildung 63: Hardwarekonzept einer zentralen SAP Instanz

4.4.2   Weltweiter Intranet-Zugriff auf ein SAP EC System

Ein kritischer Erfolgsfaktor eines zentralen Systems ist der permanente Netzzugang aller am Reporting-Prozess Beteiligten. In vielen, jedoch längst nicht allen Unternehmen wurden in den letzten Jahren auch bei den Auslandstöchtern qualitativ hochwertige Verbindungen zum unternehmenseigenen Intranet eingerichtet. Wenn dies nicht der Fall ist, kann aber zumindest eine Verbindung via Modem und Telefonleitung hergestellt werden.

Intranet   Als Intranet werden geschlossene Netzwerke bezeichnet, die in einem klar abgegrenzten Bereich (z.B. innerhalb eines Unternehmens) verwendet werden. Das Intranet wird gegenüber unerlaubten Zugriffen von außen durch so genannte Firewalls gesichert. Als Firewalls bezeichnet man hard- oder softwareseitig hinterlegte Sicherheitssysteme, die den Zugriff aus dem Unternehmen in das Internet ermöglichen, aber von außen keinen Zugriff in das unternehmenseigene Intranet erlauben.

Standard SAP GUI   Die Nutzung des Intranet für den Zugriff auf eine zentrale SAP EC-Applikation gestaltet sich durch die Nutzung des so genannten SAP GUIs (Graphical User Interface) sehr einfach. Der Standard SAP GUI zeichnet sich durch minimale Anforderungen an

Netzressourcen aus. Diese Eigenschaft ist speziell in Zeiten hoher Nutzlast oder in Standorten mit niedrigen Netzbandbreiten von Bedeutung. Der Standard SAP GUI gestattet auch über Telefonleitungen Zugriff auf den zentralen Konzerndatenpool. Falls kein unternehmenseigenes Intranet verfügbar ist, kann der Konzerndatenpool auch mittels Internet realisiert werden. In diesem Fall sind jedoch spezielle Sicherheitsaspekte zu beachten.

Erfolgreiche Umsetzung eines eReporting-Konzepts mittels SAP EC

Dieses Kapitel behandelt, wie die betriebswirtschaftlichen Anforderungen an ein eReporting-System mit SAP EC effektiv umgesetzt werden können. Besondere Beachtung finden dabei die Vorgehensweise, Möglichkeiten zur Effizienzsteigerung der SAP Standardfunktionalität und die Faktoren, die für die technisch erfolgreiche Realisierung entscheidend sind.

5.1 Prinzipien bei der Einführung von SAP EC

5.1.1 Allgemeine Vorgehensweise beim Customizing von SAP EC

Nachdem die Spezifikationen des Unternehmens in Form eines betriebswirtschaftlichen und technischen Feinkonzeptes niedergelegt und über deren Realisierung entschieden wurde, erfolgt die Umsetzung am System. Die damit eingeleitete Projektphase wird auch als Umsetzungs- oder Customzingphase bezeichnet.

Customizing

Wie in Kapitel 4 dargestellt, erfolgt die Anpassung der Module EC-CS und EC-EIS an die spezifischen Bedürfnisse und Anforderungen des Unternehmens im Rahmen des Customizing. Hierbei werden bestimmte, vordefinierte Einstellungsoptionen ausgewählt. Auch hier zeigt sich die Flexibilität und Benutzerfreundlichkeit der Module EC-CS und EC-EIS. Denn im Gegensatz zu anderen Systemen sind individuelle Programmierungen für die unternehmensspezifischen Anpassungen unnötig. Statt dessen generiert das SAP System selbsttätig aus den vorgenommenen Einstellungen den entsprechenden Quellcode und passt Tabellen, Datenelemente und Funktionsbausteine an.

Beim Customizing wird der Anwender komfortabel über eine graphisch unterstützte Oberfläche geführt. Zentrales Element ist der so genannte Customizingbaum, in dem alle Einstellungsvarianten – thematisch sortiert – angeordnet sind. Dies gestattet eine nahezu intuitive Navigation durch die gewünschten Einstellungen. Darüber hinaus werden dem Anwender Hilfetexte angeboten, welche die einzelnen Customizingobjekte beschreiben. Die

Abbildung 64 zeigt einen Auszug aus dem Customizingbaum in SAP EC-CS.

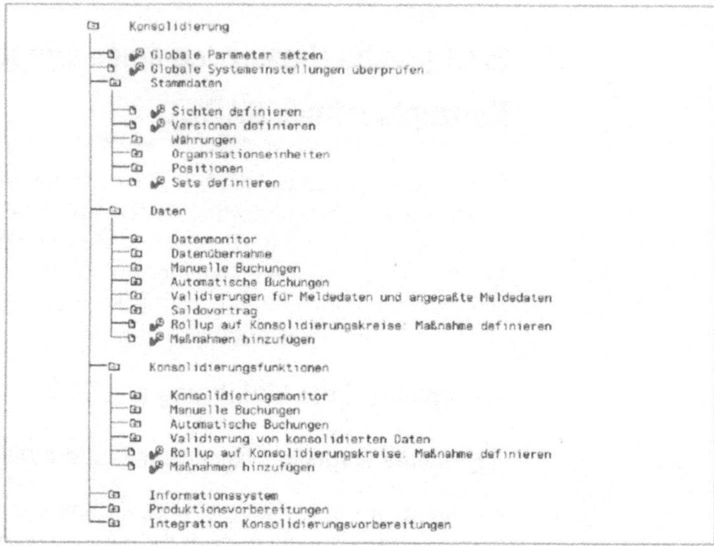

Abbildung 64: Der SAP EC-CS Customizingbaum

Beim Customizing sollte nach einer festgelegten Reihenfolge vorgegangen werden. So beginnt man am besten mit der Pflege der technischen Grundeinstellungen des EC, da auf diese bei allen Datenverarbeitungsprozessen zurückgegriffen wird. Zu den technischen Grundeinstellungen gehören die Definition des Datenmodells und die Pflege der Stammdaten. Danach empfiehlt sich die Orientierung am Soll-Prozess eines effizienten und integrierten eReportings. Für die Phasenfolge des Customizing kann also folgende Ordnung festgelegt werden:

- Datenmodell

- Stammdaten

- Eingabe

- Verarbeitung

- Aggregation/Konsolidierung

- Ausgabe

Der Aufbau des Customizingbaumes entspricht im Wesentlichen der hier dargestellten Reihenfolge.

Datenmodell

Die Definition des Datenmodells erfolgt im EC über die Definition von Sicht, Ledger, Versionen und Zusatzfeldern, im Modul EC-EIS zusätzlich über die Definition von Aspekten.

Stammdaten

Wie in Kapitel 4 beschrieben, zählen zu den Stammdaten Konsolidierungseinheiten und -kreise, Positionen, Unterpositionen und Ausprägungen der Zusatzfelder zur Abbildung von weiteren Gliederungsmerkmalen (z.B. Geschäftsfeld-Struktur).

Eingabe

Nach Anlage des Datenmodells und der Stammdaten kann damit begonnen werden, die Elemente der Eingabe zu definieren (manuelle Datenerfassung, maschinelle Datenerfassung).

Verarbeitung

Anschließend werden die Verarbeitungsprozesse des Datenmonitors definiert. Dazu zählen z.B. Validierungen, Währungsumrechnungs- und Umgliederungsmethoden.

Aggregation/ Konsolidierung

Die Prozesse der Aggregation und Konsolidierung werden zum Teil im Konsolidierungsmonitor abgebildet. Hierzu zählen Konsolidierungsmethoden, das so genannte Rollup zur Verdichtung der Daten im EC-CS sowie die Übertragung der Daten ins EC-EIS. Bei der Datenübertragung können ebenfalls Verdichtungen vorgenommen werden.

Ausgabe

Abhängig von diesen Einstellungen ergeben sich die Vorgaben zum Anlegen der Ausgabeberichte.

Das hier vorgestellte Prinzip zur Vorgehensweise beim Customizing gilt nicht nur bei der Einführung von SAP EC, sondern findet aufgrund seiner praktischen Orientierung auch Anwendung im Maintenance-Betrieb einer produktiven EC-Applikation.[57]

5.1.2   Einheitliche Stammdaten als unbedingte Voraussetzung eines integrativen Ansatzes

Die Zusammenführung von interner und externer Berichterstattung beruht auf einer einheitlichen Verwendung der zugrunde liegenden Stammdaten. Erstens wird so der Pflegeaufwand reduziert, da einzelne Stammdaten nicht doppelt gepflegt werden müssen. Zweitens wird auch die Anbindung der Vorsysteme enorm vereinfacht, wenn sowohl zur Erzeugung der Abschlussdaten als auch der Management Reporting-Daten einheitliche,

---

[57] Vgl. hierzu Kapitel 7.

möglichst identische Stammdaten genutzt werden können. Die Abbildung 65 zeigt, dass gemeinsame Stammdaten genutzt werden sollten, auch wenn die Prozessschritte und Daten der externen und internen Berichterstattung noch durch Versionen getrennt sind (Integrationsstufe 5 oder geringer).

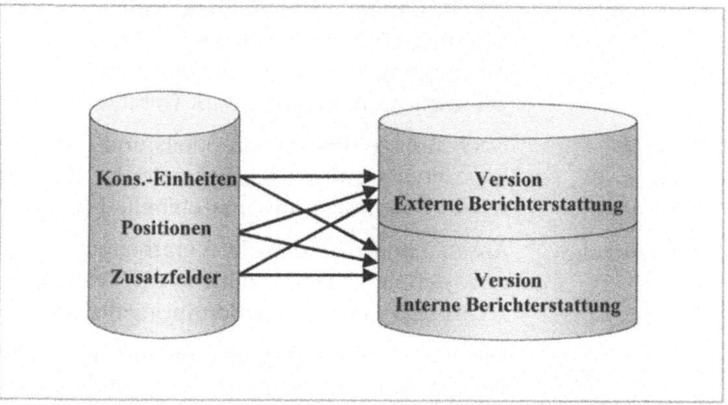

Abbildung 65: Nutzung gemeinsamer Stammdaten für interne und externe Berichterstattung

Auf dem Weg zur vollständigen Integration von interner und externer Berichterstattung können nach der in Kapitel 2 beschriebenen Integration Roadmap verschiedene Stufen eingenommen werden. Eine Integrationsstufe 4 bedingt eine einheitliche Nutzung folgender Stammdaten:

- Konsolidierungseinheiten und -kreise,

- Positionsplan und

- Geschäftsfelder, die in Zusatzfeldern abgebildet werden können.

Konsolidie-rungseinheiten und -kreise

Obwohl es technisch möglich ist, in jeder Version und damit für externe und interne Berichterstattung jeweils eigene Konsolidierungseinheiten und Hierarchien zu definieren, sollten weitestgehend die gleichen Einheiten verwendet werden. Darüber hinaus sollten die gleichen Einstellungen, insbesondere die gleiche Meldekategorie, Währung und Währungsumrechnung durchgeführt werden.

Positionsplan

Die Einstellungen im Positionsplan sind nicht versionsabhängig. Positionen, die für externe und interne Berichterstattung gemeinsam verwendet werden, können jedoch unterschiedlich detailliert sein, was sich in abweichenden Unterpositionen und Aufriss nach Partnern äußert. Die Abbildung 66 zeigt diesen Sachverhalt. Während die Positionen in der internen Berichterstattung für möglichst detailliert aufgegliederte Geschäftsfelder berichtet werden, werden in der externen Berichterstattung diese Positionen nach betriebswirtschaftlichen Unterkontierungen (z.B. Zu- und Abgang) sowie oft nach Partnern zu Konsolidierungszwecken gegliedert, aber nur auf der Stufe der Gesellschaften gemeldet.

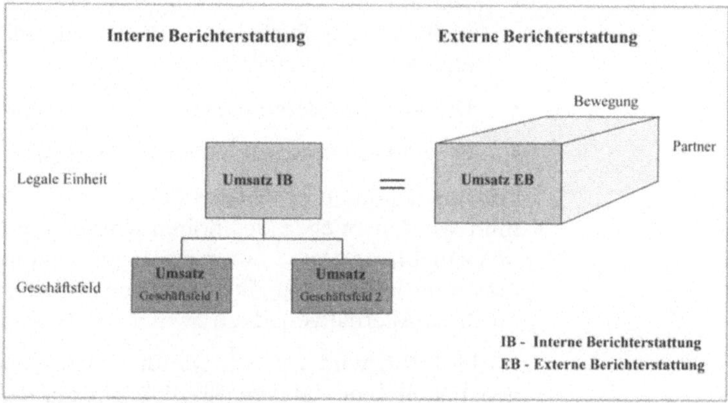

Abbildung 66: Unterschiedliche Detaillierung der Positionen in interner und externer Berichterstattung

Beispiel: In der externen Berichterstattung könnten Unterpositionen als Bewegungskennziffern verwendet werden, wohingegen diese Unterpositionen in der internen Berichterstattung zur Kontierung von regionalen Informationen (z.B. Land des Geschäftspartners) genutzt werden. Dann müssten zwei Positionen mit unterschiedlichem Aufriss (in SAP durch Kontierungstypen realisiert) definiert werden.

5.1.3   Beispiel für intelligentes Customizing eines zeitunabhängigen Positionsplans

Wie in Kapitel 4 aufgezeigt, sind die Einstellungen des Positionsplans in der momentanen Version von SAP EC unabhängig von Version und Zeit. Dies bedeutet, dass Änderungen des Positionsplans auch rückwirkende Wirkung haben und gegebenenfalls Vergangenheitswerte verändern können. Da dies in der Regel nicht gewünscht ist, soll im Folgenden beschrieben werden, wie dennoch notwendige Umstellungen der Berechnungslogik des Positionsplans in SAP EC abgebildet werden können.

Dies kann beispielsweise bei der Umstellung der Abschlüsse auf eine neue Rechnungslegung, etwa von HGB auf US-GAAP oder IAS, benötigt werden, da bestimmte Positionen anders berechnet werden als zuvor.

Folgende Prämissen müssen oftmals beim Design des geänderten Positionsplans eingehalten werden:

- Die alte Position wird aufgeteilt: Ein Teil der Position verbleibt an der Stelle, der andere Teil wird Bestandteil einer anderen Summenposition.

- Die Vorjahresdaten müssen unverändert selektierbar bleiben.

- Es soll kein komplett neuer Positionsplan definiert werden.

Prinzipiell könnte in diesem Fall ein neuer Positionsplan eingeführt werden. Wegen des hohen Umstellungsaufwand der positionsplanabhängigen Customizingeinstellungen wie z.B. Erfassungslayouts, Umgliederungsmethoden oder Reports, sollten für diese Alternative jedoch zwingende Gründe vorhanden sein.

Nachfolgend wird gezeigt, wie die oben genannten Anforderungen mittels eines Maximal-Positionsplans, der gleichzeitig beide Rechnungslegungsvorschriften beinhaltet, erfüllt werden können. Zur Veranschaulichung wird die Lösung anhand Abbildung 67 erklärt.

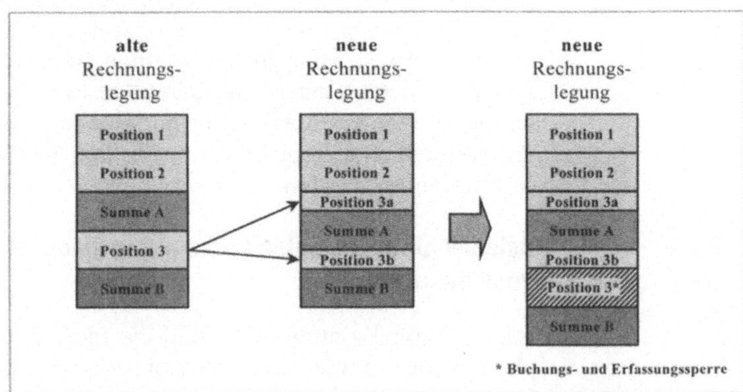

Abbildung 67: Lösungsvorschlag zur Abbildung unterschiedlicher Rechnungslegungsvorschriften

Nach alter Rechnungslegungsvorschrift galt:

Summe A = Position 1 + Position 2

Summe B = Summe A + Position 3

Die neue Rechnungslegungsvorschrift erfordert eine Aufteilung der Position 3 in Position 3a und Position 3b

Nun gilt:

Summe A = Position 1 + Position 2 + Teil x von Position 3

Summe B = Summe A + Teil y von Position 3

Lösung:

Zur Aufteilung der Position 3 werden zwei neue Positionen eingeführt:

- Position 3a für den Teil der Daten, der vormals auf der Position 3 gebucht wurde und nun Teil der Summe A ist

- Position 3b für den anderen Teil der Position 3

So wird Position 3 nicht zum Bestandteil der Summe A, sondern dient lediglich zur Darstellung von Altdaten. Da nach neuer Rechnungslegungsvorschrift Position 3 nicht mehr bebucht werden darf, wird sie mittels einer Buchungs- und Erfassungssperre geschützt.

Die Berechnungslogik stellt sich dann wie folgt dar:

Summe A = Position 1 + Position 2 + Position 3a

Summe B = Summe A + Position 3 + Position 3b

Im Bericht werden jeweils die Summenpositionen Summe A und Summe B verwendet. Im alten Geschäftsjahr existierte die Position 3a noch nicht und wird daher erst bei der Selektion des neuen Geschäftsjahres selektiert. Nach neuer Rechnungslegung muss diese Position aufgeteilt nach 3a und 3b gemeldet werden. Durch die Buchungs- und Erfassungssperre der Position 3 wird verhindert, dass auf dieser Position im neuen Geschäftsjahr erfasst wird.

5.2   Erweiterung der Standardfunktionalitäten von SAP EC

Trotz der vielfältigen Einstellungsmöglichkeiten im Customizingbaum kann eine Standardsoftware nicht sämtliche spezifischen Anforderungen und Bedürfnisse eines Unternehmens befriedigen. Doch auch hinsichtlich der Erweiterung ihrer Standardfunktionalitäten zeigen sich die Module EC-CS und EC-EIS sehr flexibel. So lassen sich die Standard-Funktionalitäten um benutzerspezifische Bausteine erweitern. Dies erfolgt durch kleine Erweiterungen mittels Programmierung in so genannten User Exits und den Einsatz der in Kapitel 4 beschriebenen Zusatzfelder. Zusätzlich kann das Modul durch individuelle Eigenentwicklungen außerhalb des Standards flexibel ergänzt werden.

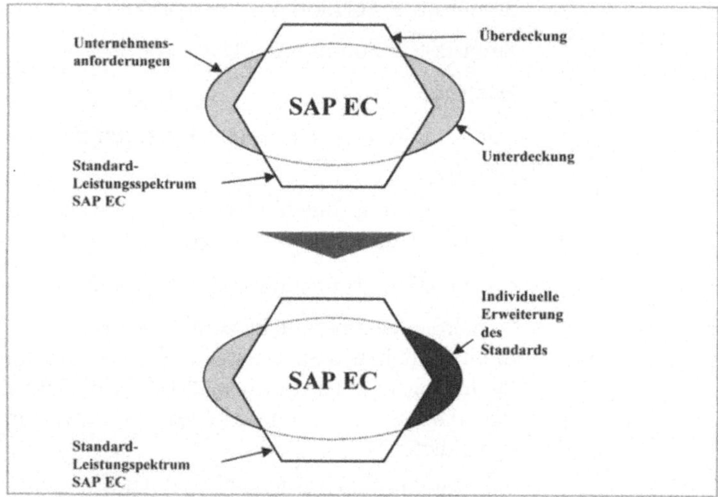

Abbildung 68: Erweiterung des Standards zur Abdeckung unternehmensspezifischer Anforderungen

Für das in diesem Buch beschriebene Konzept zur Umsetzung des eReporting muss jedoch nur in einzelnen Fällen der Standard verlassen werden. Insgesamt lassen sich nahezu alle betriebswirtschaftlichen Sachverhalte mit den Modulen EC-CS und EC-EIS abdecken. Dennoch kann es z.B. aus Effizienzgesichtspunkten durchaus notwendig werden, Eigenentwicklungen in das System einzubauen. Die Vor- und Nachteile individueller Anpassungen sollten im Einzelfall sorgfältig gegeneinander abgewogen werden. Auch sei darauf hingewiesen, dass seitens des Herstellers keine Unterstützung für Eigenentwicklungen erfolgen kann. Daher sollte z.B. bei Releasewechseln des SAP Programms die Funktionalität sämtlicher Eigenentwicklungen ausgiebig getestet werden. Um eine klare Trennung der Eigenentwicklungen von den Standardfunktionalitäten sicherzustellen, empfiehlt SAP, Eigenentwicklungen mit einer besonderen Kennung anzulegen.

Hierfür ist ein eigener Bereich, ein so genannter Namensraum vorgesehen: Alle Bezeichnungen der Eigenentwicklungen sollten mit dem Buchstaben Z gekennzeichnet werden.

User Exits

Um die Funktionen des Standards flexibel erweitern zu können, existieren in einigen Funktionen so genannte User Exits. Als User Exit bezeichnet man Standard-Quellcode des Moduls Absprungstellen. Von diesen User Exits aus wird in eigene Programme abgezweigt, die abgeschlossene Funktionen zur Erweiterung des Standards enthalten. Die User Exits werden oft nur für kleine Anpassungen (kleiner 20 Zeilen Code) verwendet, können aber auch für komplexe individuelle Programmierungen genutzt werden. Im Folgenden wird anhand von zwei Beispielen die Verwendung der User Exits erläutert.

5.2.1   Ausweitung des Standards zur Realisierung umfangreicher Anforderungen nachgelagerter Systeme

Unter aggregierten Daten versteht man die Summenbildung auf Stufe Summenposition, Konsolidierungskreis oder anderen Hierarchiestrukturebenen (z.B. Profit-Center-Hierarchien). Da die Berechnung dieser Aggregate lediglich beim Aufrufen eines Berichts erfolgt, die Aggregate also nicht in der Datenbank gespeichert sind, können diese auch nicht an nachgelagerte Systeme weitergegeben werden. Werden aber aggregierte Daten für andere Applikationen benötigt, so ist eine Erweiterung des Standards erforderlich. Im Folgenden wird beispielhaft gezeigt, wie eine solche Datenweitergabe in SAP EC abgebildet werden kann. Unten stehende Abbildung zeigt diesen Vorgang in schematisierter Form.

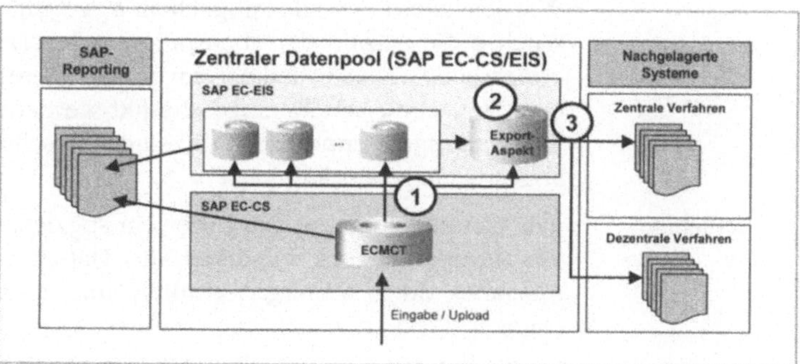

Abbildung 69: Prinzipielles Vorgehen bei der Datenweitergabe

Für die Datenweitergabe sind folgende drei Schritte durchzuführen:

1.   Übertragung der Basisdaten von EC-CS nach EC-EIS

2.   Berechnung der Aggregate in EC-EIS

3.   Weitergabe der Daten für nachgelagerte Systeme

*Datenüber-
tragung ins
EC-EIS*

Daten, die aus Vorsystemen in das EC-CS eingespielt wurden, werden durch eine Standardschnittstelle in das EC-EIS übertragen. Dabei werden verschiedene Aspekte (Tabellen im EC-EIS) gefüllt. Die Aspekte können z.B. nach Themen geordnet werden, so dass die Datenmenge auf mehrere Aspekte verteilt wird. Eine Steuerungstabelle, die bei der Datenübertragung ausgelesen wird, regelt, welche Positionen in welche Aspekte fließen sollen. In dieser Tabelle wird somit die Zuordnung der Positionen zu den entsprechenden Aspekten gesteuert. Beispielsweise enthält ein Aspekt alle Daten der Ergebnisrechnung, ein anderer die der Kapitalflussrechnung. Daher müssen beispielsweise die Daten der EBIT-Positionen (Gewinn vor Zinsen und Steuern) in beide Aspekte übertragen werden. Also enthält die Steuerungstabelle für diese Positionen jeweils zwei Einträge:

•   Aspekt Ergebnisrechnung und

•   Aspekt Kapitalflussrechnung.

*Erzeugung der
Aggregate*

Auch die Aspekte im EC-EIS enthalten lediglich Basisdaten, d.h. eine Aggregation hat an dieser Stelle noch nicht stattgefunden. Die Erzeugung der Aggregate wird nachfolgend beschrieben. Ein im Projekt erstelltes Programm berechnet entlang der Stammdatenhierarchien die Aggregate auf den einzelnen Hierarchieknoten und speichert diese als eigenen Datensatz im Exportaspekt. Würden allerdings alle möglichen Aggregationsstufen errechnet, wüchse die Anzahl der abzuspeichernden Daten schnell ins Unermessliche. Daher sollten zuvor die Berechnungsstufen über eine Steuerungstabelle eingeschränkt werden. So können z.B. die Unterteilungen innerhalb einzelner Geschäftsfelder aggregiert abgespeichert werden.

*Datenweiter-
gabe*

Die Datenweitergabe kann über ein spezielles Programm gesteuert werden. Dieses verdichtet die Daten zu der gewünschten Ausgabe- oder Weitergabestruktur und exportiert sie ein eine Datei.

In der Praxis hat sich eine solche Funktion zur Datenweitergabe als sehr wichtig erwiesen, da eine neu eingeführte Applikation in die Landschaft bestehender Verfahren integriert werden muss.

Diese Verfahrenslandschaft kann sowohl aus datenliefernden Verfahren bestehen, deren Daten über den Standard-Upload übernommen werden können. Insbesondere sind oft aber auch datenempfangende Verfahren im Einsatz, die Daten aus SAP EC weiterverarbeiten und deswegen eine effektive Datenweitergabe aus SAP EC benötigen.

5.2.2 Die Berechnung moderner wertorientierter Kennzahlen am Beispiel des EVA®

Der Steigerung des Unternehmenswertes wird eine immer höhere Bedeutung beigemessen. Wurden in der Vergangenheit zur Ermittlung des Unternehmenswertes in erster Linie einfache Kennzahlen wie Umsatzrendite, Eigenkapitalquote etc. zur Unternehmensanalyse herangezogen, so dominieren heute komplexe, wesentlich aufwendiger zu berechnende Kennzahlen, die in Abbildung 70 exemplarisch aufgezeigt sind. Die Berechnung derartiger Kennzahlen stellt hohe Anforderungen an die im Rechnungswesen und Controlling verwendeten Systeme. So muss ein System beispielsweise zur Berechnung des EVA® in der Lage sein, periodenübergreifende Berechnungen durchführen können.

Für die Berechnung von Kennzahlen lassen sich drei zentrale Anforderungen an die Realisierung ableiten:

* Reportunabhängige Berechnung

* Merkmalsabhängige Berechnungslogik

* Merkmalsübergreifende Gültigkeit

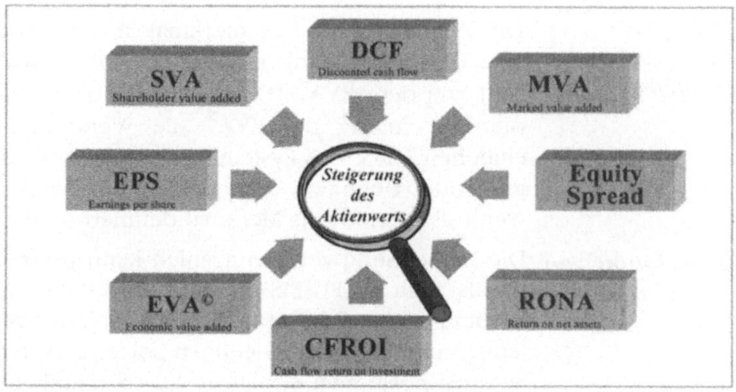

Abbildung 70: Unternehmenswertorientierte Performancegrößen

Reportunab-
hängigkeit

Die Berechnungslogik sollte nicht im Bericht, sondern zentral im System hinterlegt sein. Auch wenn eine Berechnung im Bericht aus technischer Sicht möglich ist, sollte diese unabhängig vom Bericht erfolgen. Dafür sprechen folgende Gründe:

- Bei Berechnung komplexer Kennzahlen würde sich die Performance des Berichtsaufbaus drastisch verschlechtern. Ein langsamer Berichtsaufbau führt jedoch zu erheblichen Akzeptanzproblemen beim Anwender.

- Über eine zentrale Hinterlegung der Kennzahlenberechnung kann diese Kennzahl in mehreren Berichten Verwendung finden.

- Änderungen in der Berechnungslogik lassen sich wesentlich leichter umsetzen. Insbesondere bei größeren betriebswirtschaftlichen Änderungen (aber auch bei Umstellung von monatlicher Berechnung der Kennzahl statt quartalsweise Berechnung) ist eine Realisierung im Bericht fast immer mit einem völligen Neuaufbau der Berechnung verbunden.

Merkmalsab-
hängigkeit der
Berechnung

Zur Sicherstellung einer hohen Flexibilität sollte die Berechnung der Kennzahlen merkmalsabhängig erfolgen. So sollten bei Verwendung des Merkmales Version die Kennzahlen versionsabhängig hinterlegt sein. Nur so lassen sich Kennzahlen für die einzelnen Datenbestände (z.B. Ist- und Planzahlen) ausweisen. Auch kann es notwendig werden, den Hierarchiestufen in der Gesellschaftshierarchie unterschiedliche Kennzahl-Logiken zu hinterlegen: So ist es denkbar, dass die Kennzahl „Auslandsgeschäft nach Ländern" nur für den Hierarchieknoten „Ausland" berechnet werden soll. In diesem Fall wird die Kennzahl nur bei diesem Hierarchieknoten hinterlegt.

Merkmals-
übergreifende
Gültigkeit

Die Kennzahlen sollten merkmalsübergreifende Gültigkeit besitzen. Dies wird deutlich, wenn man die Berechnung einer Kennzahl wie dem EVA® (Economic Value Added) betrachtet. Da in die Berechnung des EVA® die Werte mehrerer Zeitperioden eingehen, muss das System in der Lage sein, eine merkmalsübergreifende Definition der Berechnungslogik zu gewährleisten, wenn die Periode als Merkmal definiert wird.

Berechnung von
Kennzahlen im
EC

Die Berechnung von Kennzahlen kann prinzipiell sowohl im EC-CS als auch im EC-EIS erfolgen. Dennoch weisen beide Module bestimmte Spezifika auf, die man bei Abbildung der Kennzahlenberechnung berücksichtigen sollte. Die Berechnung einfacher Summenpositionen erfolgt im EC-CS mittels der in Kapitel 4 dargestellten Positionshierarchien. Die zu summierenden Positionen werden innerhalb der Hierarchie unterhalb eines Knotens zusammengefasst. Die Summe der Positionen errechnet sich dann durch die einfache Addition der Positionen. Die berechnete Summe wird in der übergeordneten Position, der so genannten Summenpositionen zusammengefasst. Diese relativ starre Berechnungsvariante kann durch die so genannte Umgliederung erweitert werden. Mit Hilfe der Umgliederung können Werte von Positionen zu anderen Positionen zunächst umgegliedert und anschließend aufaddiert werden. Für die Umgliederungen lassen sich beliebige Wenn-Dann-Bedingungen, die so genannten Auslöser formulieren („Wenn Bedingung X erfüllt, dann gliedere Position 1 zum Knoten Z um.").

Nicht alle der oben genannten Anforderungen an die Kennzahlenberechnung lassen sich mit dem Modul EC-CS realisieren. So kann die Berechnung nur innerhalb einer Hierarchie oder unter Zuhilfenahme der Umgliederungen erfolgen. Das Modul EC-CS bleibt bei der reportunabhängigen Kennzahlenberechnung daher auf einfache Additionen beschränkt.

Die Berechnung komplexer Kennzahlen sollte daher mit dem Modul EC-EIS realisiert werden. Diese kann bei der Datenübertragung vom EC-CS ins EC-EIS erfolgen. Die Berechnungslogik wird dann in der Definition der Übertragungsregeln hinterlegt.

Kombination von Kennzahlen Das Modul EC-EIS bietet außerdem die Möglichkeit, verschiedene Kennzahlen miteinander zu kombinieren. So können bereits berechnete Kennzahlen für die Berechnung weiterer Kennzahlen genutzt werden.

Im Folgenden soll beispielhaft dargestellt werden, wie die Berechnung des EVA® mit dem Modul EC-EIS realisiert werden kann. Die merkmalsabhängigen Kennzahlen werden dazu in einem User Exit während der Datenübertragung berechnet und als Basiskennzahlen im Aspekt permanent gespeichert. Die Berechnung erfolgt anhand unterschiedlicher Rechenformeln. Diese werden abhängig von bestimmten Kriterien ausgewählt und ermöglichen so eine merkmalsabhängige Berechnung. Folgende Abbildung zeigt schematisch die Vorgehensweise bei der Berechnung des EVA®.

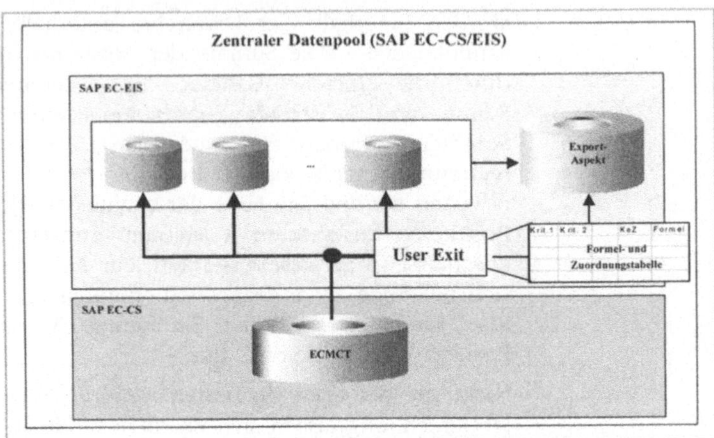

Abbildung 71: Prinzipielles Vorgehen zur Abbildung komplexer Kennzahlen im EC-EIS

Funktionsweise des User Exits	Im Standard werden bei der Datenübertragung von EC-CS ins EC-EIS die Daten, die aus dem EC-CS selektiert werden, entsprechend den Übertragungsregeln verdichtet und in die Aspekte verbucht. Die Berechnungen der Kennzahlen geschieht mit Hilfe einer Eigenprogrammierung. Während der Datenübertragung ins EC-EIS wird in diese Eigenprogrammierung über einen User Exit verzweigt. Die Positionen, welche zur Berechnung des EVA® herangezogen werden, gelangen nicht auf dem Standardweg in den EC-EIS-Aspekt. Sie werden vielmehr durch die Nutzung des User Exits anhand einer Formeltabelle in Kennzahlen umgerechnet. Der User Exit wird direkt vor der Verbuchung und nach den Übertragungsregeln aufgerufen. Daher hat der ihm übergebene Datensatz genau die Struktur und den Inhalt des im Aspekt zu speichernden Datensatzes. Im User Exit kann nun dieser Datensatz geändert werden und als modifizierter Datensatz zur Verbuchung zurück gegeben werden. Anschließend werden die berechneten Kennzahlen im Aspekt gespeichert. Für die beschriebene Vorgehensweise muss eine Formeltabelle werden, die bei der Datenübertragung genutzt wird.
Formel-Tabelle	Die Formeln zur Berechnung von Kennzahlen und eventuell notwendige Bedingungen werden in dieser Berechnungstabelle abgelegt. Dazu werden Bedingungen für die Verwendung von Formeln als Selektionsoptionen definiert. Bei der Berechnung wird die Tabelle sukzessive durchlaufen und ermöglicht somit, in

späteren Zeilen der Formeltabelle auf bereits berechneten Kennzahlen aufzubauen.

Nr.	Selektions-option	Formel	Ergebnis
1	Quartal2	$(\text{Vermögen}_{Q4\_VJ} + \text{Vermögen}_{Q1})/2$	Ø-Vermögen
2	Quartal2	Ø-Vermögen * Kapitalkostensatz	Kapitalkosten

Abbildung 72: Beispiel einer Berechnungsformel

Die in Abbildung 72 dargestellten Selektionsoptionen beschreiben die Bedingungen, für welche die Formel Gültigkeit hat. Werden keine Selektionsoptionen angegeben, so ist die Formel allgemein gültig.

Zuordnungs-tabelle

Die Berichterstattungsdaten können in mehrere Themen (z.B. Bilanz, GuV, Kapitalflussrechnung, EVA® usw.) aufgeteilt werden. Die Daten sollten aus Performancegründen im EC-EIS pro Thema in einem oder – falls notwendig – mehreren Aspekten gespeichert werden. Die Aufteilung der Daten in Aspekte wird im User Exit über eine zusätzliche zu definierende Zuordnungstabelle festgelegt.

5.3 Effizienzsteigerung im eReporting-Prozess

5.3.1 Methoden zur Verkürzung des Eingabeprozesses

In Kapitel 4 wurde bereits an verschiedenen Stellen auf die Effizienzgewinne hingewiesen, die sich bei optimaler Kombination der Module EC-CS und EC-EIS zur Realisierung eines effizienten eReporting erzielen lassen. Es wurde dargestellt, welch wichtige Funktion dabei die Visualisierung der Prozesse im Daten- und Konsolidierungsmonitor übernimmt. Im Folgenden sollen weitere ausgewählte Methoden zur Effizienzsteigerung vorgestellt werden. Hierzu zählen:

- Maschinelles Einspielen von Meldedaten

- Dynamische Erfassungslayouts

- Erfassung via Aktives Excel

Maschineller Upload

Wie in Kapitel 4 dargestellt, gibt es prinzipiell zwei Möglichkeiten der Datenübernahme in das System. Die effizienteste der zwei Methoden ist die Datenerfassung mittels des flexiblen Uploads. Dies liegt erstens in der Geschwindigkeit begründet, mit der große Datenbestände in das Zielsystem transferiert werden. Zweitens ist der Initialaufwand zur Nutzung dieser Methode relativ gering. Drittens werden Eingabefehler vermieden, die bei manueller Erfassung auftreten können. Die Daten werden in Form einfacher Textdateien in das System übertragen. Dabei werden die Stammdaten im Uploadfile überprüft. So können nur Meldedaten mit gültigen Angaben zu Konsolidierungseinheit, Position oder Zusatzkontierungen (z.B. Geschäftsfeld) in das System eingeladen werden. Beim Upload der Daten wird zusätzlich geprüft, ob die Verbuchung der Daten für die in der Kopfzeile der Datei angegebenen Periode für die Konsolidierungseinheit überhaupt möglich ist. Ist die Periode hingegen geschlossen, so ist dies nicht der Fall und es erscheint eine entsprechende Fehlermeldung.

Das Upload-Format der Schnittstelle kann individuell an das jeweilige Dateiformat angepasst werden. Abbildung 73 zeigt eine mögliche Aufbaustruktur für eine Upload-Datei.

Upload-Methode   In der Upload-Methode wird der Inhalt und die Reihenfolge der einzelnen Felder definiert. Die genutzte Upload-Methode sollte auf ein einheitliches Format gebracht werden, das sowohl für die Daten der externen als auch der internen Berichterstattung Geltung hat. Ein einheitliches Datenformat ist Voraussetzung für die Realisierung der Stufe 4 der Integration Roadmap.

Kopfzeile					
Sicht	**Positionsplan**	**Ledger**	**Version**	**Geschäftsjahr**	**Periode**
S1	P1	DE	100	2001	1
Datenzeile					
Konsolidierungs-einheit	**Geschäftsfeld-information**	**Position**	**Unterposition**	**Partner**	**Wert in Hauswährung**
KE12	GF10	1234	1	KE11	2000000

Abbildung 73: Dateiformat für den flexiblen Upload

Update-Modus   Abhängig von dem Eingabeprozess dezentraler Einheiten ist es möglich, beim Upload der Daten verschiedene Modi zur Aktualisierung (Update) des zentralen Datenbestandes zu verwenden.

Grundsätzlich kann man zwischen zwei Update-Modi unterscheiden:

*   Merge (Vereinigen zweier Datenbestände)
*   Replace (Ersetzen des vorherigen Datenbestandes).

Lädt in der berichtenden Gesellschaft stets nur eine Person Daten ins System, so empfiehlt es sich, den Replace-Modus zu verwenden. Der Datenbestand dieser Gesellschaft wird dann vollständig durch die Daten der Upload-Datei ersetzt. Somit wird vermieden, dass fehlerhafte Datensätze im System verbleiben. Sind jedoch mehrere Personen mit der Dateneingabe betraut, so würde bei Anwendung dieses Modus stets der Datenbestand der anderen Person überschrieben. In diesem Fall empfiehlt sich daher der Merge-Modus. Abbildung 74 zeigt den Datenbestand im System nach dem Hochladen bei beiden Modi: Person 1 lädt den Upload 1 ins System und bebucht damit die Geschäftsfelder mit den Werten A und B. Wird nun anschließend eine zweiter Upload auf die selbe Position und Gesellschaft durchgeführt kann man zwei Fälle unterscheiden. Beim Upload mit der Methode „Merge" werden nur die Geschäftsfelder und Positionen überschrieben, die in der zweiten Upload-Datei enthalten sind. Alle anderen Werte bleiben erhalten. Es erfolgt insbesondere keine Addition der Werte. Mit der Methode „Replace" werden beim 2. Upload zuerst alle Werte auf allen Positionen und Geschäftsfeldern der Gesellschaft gelöscht. Anschließend werden die Werte der Upload-Datei verbucht.

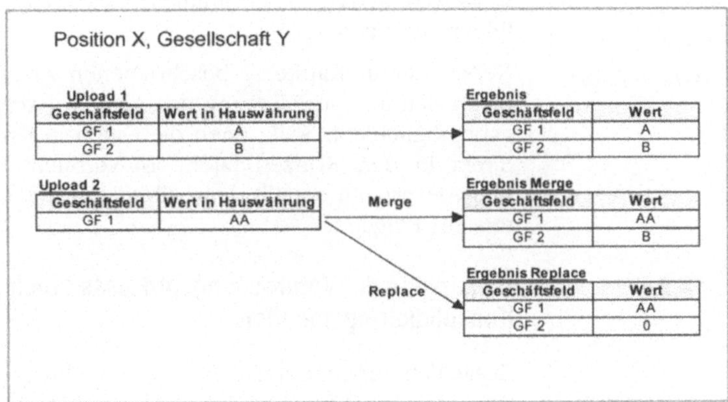

Abbildung 74: Auswirkungen unterschiedlicher Update-Modi beim Upload von Bewegungsdaten

Um den berichtenden Gesellschaften die Wahl des Update-Modus freizustellen, sollten zwei Upload-Methoden mit unterschiedlichem Update-Modus zur Verfügung gestellt werden. Außerdem sollte in den Stammdaten der Konsolidierungseinheiten keine Upload-Methode fest vordefiniert werden.

Die Durchführung des Daten-Upload gestaltet sich für den Anwender recht einfach: Die Funktion wird über den Datenmonitor angestoßen. Treten Verarbeitungsfehlern auf, so wird dies in einem Protokoll dokumentiert, der Status der Maßnahme wird auf „Fehlerhaft" gesetzt.

Erfassungs-layouts

Neben der Upload-Funktionalität zur Datenübernahme in das System sollte immer auch die manuelle Erfassung mittels der in Kapitel 4 beschriebenen Erfassungslayouts angeboten werden. Auch beim maschinellen Upload zur Datenübernahme muss der Anwender die Möglichkeit haben, manuelle Korrekturen vorzunehmen. Mit den Erfassungslayouts ist eine so genannte Matrix-Erfassung möglich: Die Positionen können getrennt nach Geschäftsfeldern bebucht werden. Über eine Erweiterung des Standards kann die im Erfassungslayout dargestellte Matrixstruktur auch dynamisch erzeugt werden. Beispielsweise können so, abhängig von der jeweiligen Konsolidierungseinheit, für die Daten erfasst werden sollen, nur bestimmte Geschäftsfeld-Ausprägungen zur Buchung (Kontierung) einzelner Positionen angeboten werden. Die Individualisierung der Zuordnung der Erfassungslayouts erfolgt mittels so genannter Meldekategorien. In den Meldekategorien kann eine Zuordnung von bestimmten Erfassungslayouts zu bestimmten Gesellschaften oder Geschäftsfeldern erfolgen.

Aktives Excel

Neben der in Kapitel 4 beschriebenen Auswertungsmöglichkeit bietet sich aus der Nutzung des Aktiven Excels eine weitere Eingabemöglichkeit. So können die Daten in Excel eingegeben und direkt in den Konzerndatenpool verbucht werden. Bei dieser Eingabevariante entfällt dann allerdings Nutzung des Datenmonitors zur Eingabe.

5.3.2 Verkürzung der Verarbeitungsprozesse durch Daten- und Konsolidierungsmonitor

Zusätzlich zur indirekten Prozesszeitverkürzung durch die Visualisierung der Prozessschritte bieten der Daten- und Konsolidierungsmonitor weitere Möglichkeiten, den Datenverarbeitungsprozess zu beschleunigen. Die Verkürzung der Abschlusszeit, also die Zeit, die benötigt wird, um aus den Einzelabschlüssen der Tochterunternehmen den Konzernabschluss zu erstellen, stellt eine große Herausforderung für Konzerne dar. Zeitaufwendige Schritte sind dabei:

- Zusammenstellung der Einzelabschlüsse

- Validitätsprüfungen

- Umrechnung in Konzernwährung

- Durchführung der Konsolidierungsschritte

Durch die Abbildung dieser Abschlussprozesse im Daten- und Konsolidierungsmonitor ist es möglich, die Prozesszeit unmittelbar zu beeinflussen. Dies ist möglich durch

- die einfache Bedienung,

- die benutzerdefinierten Einstellungen,

- die Integration qualitätssteigernder Maßnahmen,

- die Automatisierung und Bündelung der Abschlussmaßnahmen und

- die globale Sichtweise und Korrekturmöglichkeit.

Einfache Bedienung

Die Bedienung der Monitore ist einfach und für interne und externe Berichterstattung identisch. Für die Einheit bzw. den Kreis, für den Daten erfasst oder verarbeitet werden sollen, müssen im Monitor lediglich die Maßnahmen markiert und anschließend über Buttons ausgeführt werden. Dabei kann zwischen einem Testlauf der Maßnahme, bei dem die Daten in der Datenbank nicht verändert werden, und einem Echtlauf ausgewählt werden. Somit kann aus Sicherheitsaspekten z.B. für Konsolidierungsprozesse zunächst das Konsolidierungsprotokoll des Testlaufs analysiert und mit den erwarteten Ergebnissen verglichen werden.

Benutzerdefinierte Einstellungen

Die Ansicht im Daten- oder Konsolidierungsmonitor kann individuell so eingestellt werden, dass nur die gerade bearbeitete Einheit angezeigt wird. Ebenso kann der aktuelle Prozessschritt abgespeichert werden. Dadurch erfolgt der Einstieg bei nachfolgenden Bearbeitungen an genau der Stelle, an der die Arbeit zuvor unterbrochen wurde.

Integration qualitätssteigernder Maßnahmen

Die Prozesszeit verlängert sich um so mehr, je später ein Fehler in der Datenlieferung festgestellt wird. Um daher Fehler in der Datenlieferung möglichst frühzeitig aufzudecken, empfiehlt es sich, umfangreiche Maßnahmen zur Sicherung der Datenqualität im Datenmonitor zu hinterlegen. Dies lässt sich zusätzlich zur Standardvalidierung von SAP am Ende des Datenmonitors („Validierung angepasste Meldedaten") in einem Validierungsschritt direkt nach der Datenerfassung im Datenmonitor hinterlegen („Validierung Meldedaten"). Eine Validierung erfolgt so bereits vor der Währungsumrechnung. Auch über diese Validierungsmaßnahmen für Meldedaten, angepassten Meldedaten und konsolidierten Daten hinaus können weitere Prüfprozesse durch benutzerdefinierte Maßnahmen integriert werden. Hierzu können eigene Programme in den Datenmonitor integriert werden. In diesem „User Exit" können weitere Prüfungen vorgenommen werden, die in den Standard-Validierungen nicht effizient abgebildet werden können.

Bündeln der Abschlussmaß-nahmen

Die Maßnahmen in den Monitoren können auch gebündelt ausgeführt werden. Die Verarbeitung der einzelnen Maßnahmen erfolgt dann automatisch und stoppt lediglich bei Verarbeitungsfehlern, z.B. bei Fehlern in den Validierungsschritten.

Durch die Möglichkeit der Bündelung, d.h. dem Anstoßen mehrerer Prozesse, die dann sukzessive abgearbeitet werden und nur bei fehlerhaften Verarbeitungsschritten stoppen, wird die Verarbeitungszeit verkürzt. Nicht jede einzelne Maßnahme muss hier manuell angestoßen werden.

Eine Bündelung ist für alle Maßnahmen zu empfehlen, deren Ergebnisprotokoll nicht explizit ausgewertet werden muss. Dies sind etwa die Validierungen für die Währungsumrechnung oder bestimmte Umgliederungen. Maßnahmen der Konsolidierung wiederum sollten in ihrem Ergebnis genau analysiert werden, bevor mit der Datenverarbeitung fortgefahren wird. Daher können einzelne Prozesse als Meilensteine definiert werden, bei denen die automatische Verarbeitung stoppt. Weitere Prozesse müssen danach manuell angestoßen werden.

5.3.3   Recherche-Berichte als modernes Instrument zur Analyse komplexer Datenbestände

Recherche-Berichte

Zur Analyse komplexer Datenbestände empfiehlt es sich, die Recherche-Funktionalität von SAP zu nutzen. Das einmalige Aufrufen eines solchen Recherche-Berichtes ermöglicht die freie Navigation in den Merkmalen eines Datenvolumens. So kann in umfangreichen Datenbeständen navigiert werden, ohne die einmal selektierten Daten verlassen zu müssen. Zusätzlich bietet der

Recherche-Bericht die Möglichkeit, die angezeigten Daten automatisch grafisch aufbereiten zu lassen.

On-the-Fly-Berechnung

Die Berechnung von Kennzahlen und Daten höherer Aggregationsstufen erfolgt in SAP grundsätzlich „On-the-fly", d.h. erst beim Aufruf des Berichts. In der Datenbank selbst sind diese aggregierten Zahlen nicht abgespeichert womit sich der benötigte Datenbestand erheblich verringert. Außerdem entfällt der in vielen anderen Systemen notwendige Schritt der Aggregation zur Summenbilanz. Etwas nachteilig wirkt sich die „On-the-Fly-Berechnung" allerdings auf die Systemperformanz aus, wenn sehr umfangreiche Datenbestände beim Aufruf eines Berichts selektiert werden. Dieser Nachteil kann aber durch eine Verdichtung im EC-EIS und die Nutzung der Standard-Rollup-Funktionalität im EC-CS ausgeglichen werden. Diese Möglichkeiten werden nachfolgend erläutert.

Verdichtung im EC-EIS

Bei der Datenübertragung ins EC-EIS können die Datensätze auf verschiedene Aspekte verteilt werden. Gleichzeitig können detaillierte Informationen zu Aggregaten verdichtet werden. Dadurch wird eine deutlich geringere Anzahl an Datensätzen pro Aspekt erzeugt. Ein Aufruf von Daten durch einen herkömmlichen Bericht im EC-EIS ist daher schneller als eine Selektion, welche die Datensätze aus der gesamten zentralen Datenbank heraussuchen muss.

EC-CS-Rollup

Bei Nutzung der Standard-Rollup-Funktionalität im EC-CS werden auf den Stufen der Konsolidierungskreishierarchie Aggregationen erzeugt. Die Aggregate können dann gezielt in Berichten aufgerufen werden. Die große Anzahl der Basis-Datensätze werden nicht selektiert, was sich positiv auf die Leistung solcher Berichte auswirkt.

Recherche-Berichte

Recherche-Berichte können sowohl im EC-CS als auch im EC-EIS angelegt werden. Die Definition dieser Recherche-Berichte erfolgt sowohl für das EC-CS als auch für das EC-EIS zunächst über ein so genanntes Layout, das die Detaildefinition des Berichts festlegt. Anschließend wird zu einem Layout der eigentliche Recherche-Bericht definiert, in dem die Navigationsmerkmale festgelegt werden.

Layout eines Recherche-Berichts

Im Layout wird festgelegt, welche Daten selektiert werden sollen. Dabei ist es auch möglich, Variablen zu verwenden, um beim Aufruf des Recherche-Berichts eine Eingabe der Selektionsparameter zu verlangen. Typische Variablen sind das Geschäftsjahr oder die Bis-Periode. Je höher die Anzahl der Selektionsparame-

ter ist, desto enger ist die Auswahl der Daten. So können z.B.
Gesellschaftsberichte definiert werden, wenn die Konsolidierungseinheit als Selektionsmerkmal ausgewählt wurde. Ein Beispiel für die Eingabe der Selektionsparameter ist in Abbildung 75
dargestellt.

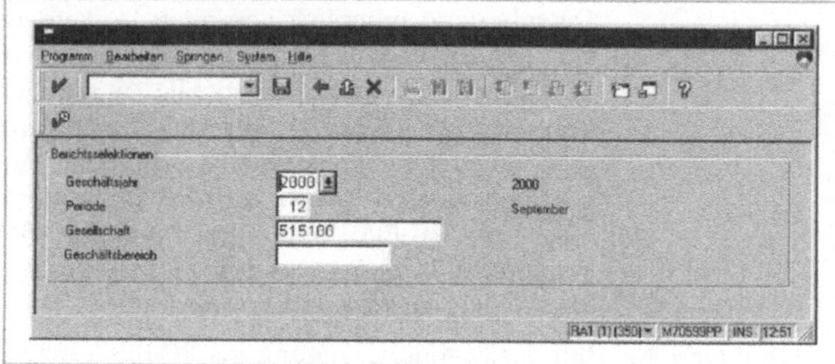

*Abbildung 75: Selektionsparameter beim Recherche-Berichts-
aufruf*

*Navigations-
merkmal*

Im Recherche-Bericht werden u.a. Navigationsmerkmale definiert, nach denen sich die selektierten Daten analysieren lassen.
Einzelne Scheiben oder eine hierarchische Aggregation des selektierten Datenvolumens können angezeigt werden. Es können
beispielsweise einzelne Geschäftsfelder einer Konsolidierungseinheit angezeigt werden oder für ein Geschäftsfeld die Zusammensetzung auf den einzelnen Konsolidierungskreishierarchie-
stufen. Mit den Navigationsmerkmalen ist ein so genannter „Drill-
Down" möglich. Folgende Tabelle zeigt eine Auswahl von sinn-
vollen Selektionen:

Berichts-Adressat	Fixe Selektion	Selektionsparameter	Navigationsmerkmal
Gesellschaft	Ledger Positionsplan Version	Geschäftsjahr Konsolidierungseinheit	Geschäftsfeld
Teilkonzern	Ledger Positionsplan Version	Geschäftsjahr Konsolidierungskreis	Geschäftsfeld Konsolidierungseinheit
Konzern	Ledger Positionsplan Version Konsolidierungskreis	Geschäftsjahr	Geschäftsfeld Konsolidierungseinheit
Segment / Geschäftsfeld	Ledger Positionsplan Version Konsolidierungskreis	Geschäftsjahr Geschäftsfeld	Konsolidierungseinheit

Abbildung 76: Beispiele für Selektions- und Navigationsmerkmale

Üblicherweise werden bei Recherche-Berichten für den Konzern mehr Navigationsmerkmale definiert als bei Gesellschaftsberichten, um eine Analyse aller Unternehmenseinheiten mit einem Berichtsaufruf zu ermöglichen. Gesellschaftsberichte haben typischerweise die Konsolidierungseinheit als Selektionsparameter beim Einstieg des Berichts. Ein solcher Parameter wird auch für die Berechtigungsprüfung benötigt, da Navigationsmerkmale für die Berechtigungsprüfung nicht verwendet werden können.

Report Painter-Berichte

Zusätzlich zu den Recherche-Berichten existieren so genannte Report Painter-Berichte (siehe Abbildung 77). Sie sind ursprünglich aus einer einfachen Liste entstanden und bieten eine einfache Navigation innerhalb der aufgerufenen Daten eines herkömmlichen SAP Berichts. Speziell im externen Abschluss sind sie von großem Nutzen, um eine detaillierte Analyse der Buchungen zu ermöglichen. Beispielsweise können angezeigte Werte können durch Aufklappen der jeweiligen Berichtszeile jeweils eine Detaillierungsebene tiefer „aufgerissen" werden, so dass der Anwender eine systematische Analyse der im Bericht ausgewiesenen Werte durchführen kann. Im Gegensatz zum Recherche-Bericht ist eine Navigation im Report Painter-Bericht lediglich über die zuvor definierten Aufrisszeilen möglich.

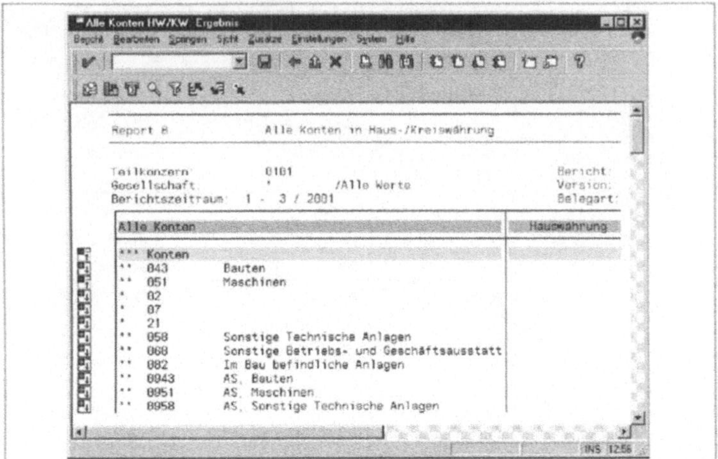

Abbildung 77: Darstellung eines Report Painter-Berichts

5.4 „Built-in quality" durch Umsetzung einer gesicherten Teststrategie

5.4.1 Das V-Modell – Beschreibung im spezifischen Kontext eines SAP EC Projektes

Beim V-Modell handelt es sich um eine prozessorientierte Vorgehensweise, die sich bei der Realisierung komplexer Systeme als äußerst erfolgreich erwiesen hat. Damit empfiehlt sich die Anwendung des V-Modells auch bei der Einführung, insbesondere des Systemtests von SAP EC-CS und EC-EIS im Konzernrechnungswesen.

Das V-Modell unterscheidet verschiedene Schritte und gibt damit Struktur und Organisation eines Projektes vor. Abhängig von der Art des zu realisierenden Systems existieren verschiedene Modifikationen des V-Modells (z.B. V-Modell für Entwicklung der technischen Infrastruktur, V-Modell für Entwicklung von Geschäftsprozessen etc.). Der Einführung des Moduls EC-CS sollte das V-Modell für Anwendungsentwicklungen mit acht definierten Phasen zugrunde gelegt werden. Diese sind Abbildung 78 zu entnehmen und werden nachfolgend im Zusammenhang mit dem Systemtest detailliert erläutert.

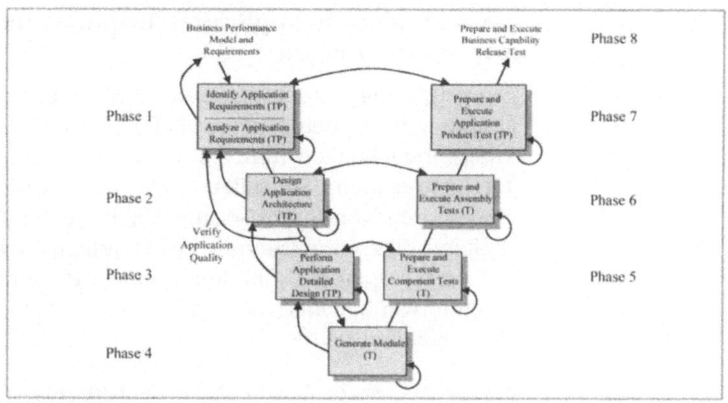

Abbildung 78: Das V-Modell und seine acht Phasen

Kennzeichen aller V-Modelle ist, dass den einzelnen Phasen klar definierte Eingangsvoraussetzungen („entry criteria") sowie erwartete Ergebnisse („exit criteria") zugrunde liegen. Die Bearbeitung der Phasen erfolgt sequentiell. Damit wird eine Vermischung der Tätigkeiten verschiedener Phasen verhindert und sichergestellt, dass keine Fehler an nachgelagerte Prozessschritte weitergereicht werden. Dieser prozessuale Sicherheitsmechanismus wird als „stage containment" bezeichnet. Während der gesamten Projektrealisierung erfolgt ein permanenter Abgleich der durchgeführten Arbeiten mit den Spezifikationen (Verifikation). Dies gilt ebenso innerhalb einer Phase wie in Bezug auf die vorgelagerten Phasen. So wird sichergestellt, dass die an das System gestellten Anforderungen jederzeit korrekt umgesetzt werden. Die konsequente Anwendung des V-Modells führt nicht nur zu einer hohen Qualität und Zuverlässigkeit des Gesamtsystems und ermöglicht dessen termingerechte Einführung. Auch auf der Kostenseite ergibt sich ein erhebliches Einsparpotential, da kostspielige Nachbearbeitungen weitgehend verhindert werden. Der Realisierungsaufwand lässt sich durch den konsequenten Einsatz des V-Modells erheblich minimieren.

Durch den permanenten Abgleich des Systems mit den Anforderungen reduziert sich außerdem der Testaufwand, da weite Teile des Tests bereits während der Realisierung durchgeführt werden. Der nachfolgende Systemtest kann sich daher auf die Kernelemente beschränken. Im folgenden Abschnitt werden die Phasen des V-Models im Überblick dargestellt und anschließend im Einzelnen näher erläutert.

Phase 1: Identify Application Requirements (Identifizierung der Anforderungen)

Die frühzeitige Einbindung der Fachbereiche und die intensive Diskussion der betriebswirtschaftlichen und technischen Realisierungsmöglichkeiten führt zu einer klaren und von allen Beteiligten getragenen Spezifikationen der Anforderungen an das System. Missverständnisse und Unklarheiten sind vor Beginn der weiteren Phasen vollständig auszuräumen („exit criteria"), da dies zu einem späteren Zeitpunkt einen erheblichen Nachbearbeitungsaufwand generieren bzw. das Gesamtsystem vom Anwender abgelehnt würde.

Phase 2: Design Application Architecture (Betriebswirtschaftliches Design der Anwendungsarchitektur)

Die Anforderungen sind in Form eines betriebswirtschaftlichen Feinkonzepts detailliert zu dokumentieren. Auch hierbei hat ein ständiger Abgleich (Verifikation) mit den tatsächlich Anforderungen der Fachbereiche stattzufinden.

Phase 3: Perform Application Detailed Design (Technisches Design der Anwendungsarchitektur)

Wie in Kapitel 4 dargestellt, ist neben einem betriebswirtschaftlichen Feinkonzept ein technisches Feinkonzept zu erstellen, in dem die Umsetzung der Anforderungen im System aus technischer Sicht beschrieben wird.

Phase 4: Generate Module (Customizing am System)

Erst nachdem die vorgelagerten Stufen vollständig durchlaufen wurden, wird mit der Umsetzung am System begonnen. Während des Customizing sollten keinerlei Änderungen der Spezifikationen mehr stattfinden (Scope-Freeze).

Phase 5: Prepare and Execute Component Test (Vorbereitung und Durchführung Komponententest)

Gleich nach dem Customizing werden die erstellten Komponenten isoliert voneinander auf ihre Funktionsfähigkeit überprüft. So ist z.B. die Funktionsfähigkeit einer Eingabemaske zu testen:

- Aufruf der Erfassungsmaske möglich?

- Dateneingabe möglich?

- Korrekte Verbuchung der Eingaben?

Die Phasen 4 und 5 werden üblicherweise gleichzeitig durchgeführt. Wenn eine Komponente fertiggestellt ist, erfolgt sofort der Test, ohne auf die Fertigstellung der anderen Komponenten zu warten.

Phase 6: Prepare and Execute Assembly Test (Vorbereitung und Durchführung Assembly Test)

Nachdem die Funktionsfähigkeit aller Einzelkomponenten sichergestellt wurde, erfolgt die Überprüfung der Komponenten im Zusammenspiel mit weiteren Komponenten. So wird beispielsweise überprüft, ob die eingegebenen Werte korrekt in den Ausgabeberichten dargestellt werden:

- Eingabe bei Position Umsatz = 100?

- Ausgabe bei Position Umsatz = 100?

Phase 7: Prepare and Execute Application Product Test (Vorbereitung und Durchführung Produkttest)

Alle Komponenten werden im Zusammenspiel und entsprechend der zukünftigen Nutzung überprüft. Hierfür werden bereits umfangreiche Testdaten in das Testsystem eingespielt. So kann es z.B. notwendig sein, reale Stammdaten im System zu hinterlegen, da bestimmte Funktionalitäten auf diese Stammdaten referenzieren. Der Produkttest sollte im Integrationssystem durchgeführt werden, das dem zukünftigen Produktivsystem entspricht.[58] Beim Produkttest steht die Prüfung der inhaltlich richtigen Umsetzung der Anforderungen im System im Vordergrund. So sollen hier z.B. Fehler in der Rechen- oder Konsolidierungslogik aufgedeckt werden.

Phase 8: Prepare and Execute Business Capability Release Test (Vorbereitung und Durchführung Nutzer-Test)

Vor der Inbetriebnahme wird getestet, ob und wie die zukünftigen Anwender das System annehmen („User-Acceptance-Test“). Dabei simulieren Pilot-Anwender unter realistischen Bedingungen die künftige Nutzung des Systems. Beim User-Acceptance-Test geht es in erster Linie um die Überprüfung der Benutzerfreundlichkeit, d.h. der Handhabung und Verständlichkeit des Systems. Dieser Test sollte in einem eigenen Integrationssystem

---

[58] Vgl. hierzu Kapitel 4.5.1.

durchgeführt werden, das bereits alle Komponenten des späteren Produktivsystems enthält.

5.4.2   Prinzipien eines effizienten Systemtests

Grundüber-
legungen

Selbst die Realisierung hoch komplexer Systeme hat heute oft unter erheblichem Zeitdruck zu erfolgen. Das bedeutet, dass kaum über längere Zeit das alte und das neue System parallel betrieben werden können. Statt dessen wird meist eine „schlüsselfertige" Übergabe des Gesamtsystems gefordert („Turn-Key-Solution"), um zu einem bestimmten Termin vom alten auf das neue System umschalten zu können. Insbesondere hat die Umstellung auf ein neues System, das den Rechnungslegungsstandard US-GAAP beherrscht, zu einem fixen Termin zu erfolgen. Denn das System mit dem alten Rechnungslegungsstandard verliert zur selben Zeit seine Gültigkeit, wie der neue Standard in Kraft tritt. Da dieses Vorgehen keine Zeit lässt, auftretende Fehler sukzessive zu beseitigen, gewinnt der Systemtest erheblich an Bedeutung. Schließlich muss das System auch bei unternehmenskritischen Anwendungen wie dem Reporting von Beginn an fehlerfrei funktionieren. Um daher die Tests unter möglichst realistischen Bedingungen durchführen zu können, ist das Entwicklungsteam in hohem Maße von der Mitarbeit der Benutzer abhängig.

Abnahme des
Systems

Ein System gilt formell erst dann als abgenommen, wenn die Umsetzung der Spezifikationen vom Auftraggeber überprüft und die korrekte Funktionsfähigkeit des Gesamtsystems testiert wurde. Dem Auftraggeber (z.B. in Form der Fachbereiche) kommt somit die Aufgabe zu, die von ihm an das System gestellten Anforderungen und deren Umsetzung im Detail nachzuvollziehen. Dies bietet den Vorteil, dass die zukünftigen Anwender bereits während der Realisierung mit dem System in Kontakt kommen und so auch zu einem frühen Zeitpunkt erhebliche Systemkenntnisse erwerben. Damit lassen sich nachfolgende Systemschulungen wesentlich effizienter gestalten. Aufgrund der Komplexität des gesamten Systemtests ist es jedoch kaum möglich und sinnvoll, alle Komponenten des Systems durch den Anwender testen zu lassen. Ziel sollte es daher sein, kritische Punkte in einem Test so zusammenzufassen, dass er einer späteren Nutzung des Systems durch den Anwender möglichst nahe kommt. Es würde z.B. nur wenig Sinn machen, die Fachbereiche mit der zeitaufwendigen Durchführung von Vollständigkeitstests der Stammdaten zu betrauen. Erheblich sinnvoller ist es dagegen, dass die Fachbereiche die Abbildung der Rechenlogik einzelner Themen wie die Kapitalflussrechnung oder die Kennzahlenberechnung im System überprüfen.

Verfügbarkeiten   Obwohl die prinzipielle Notwendigkeit dieses Vorgehens auch auf Seiten der Benutzer meist anerkannt wird, ergeben sich in der Praxis oft erhebliche Schwierigkeiten. Die Durchführung der Tests bindet erhebliche Ressourcen, die für das „Tagesgeschäft" nicht zur Verfügung stehen. Zudem besteht die Gefahr der Überlastung Einzelner, da zur Überprüfung mancher Komponenten im System erhebliche fachliche Voraussetzungen mitzubringen sind. So ist die Überprüfung der im System hinterlegten Konsolidierungslogik nur dann möglich, wenn detaillierte betriebwirtschaftliche Kenntnisse über die Kapitalkonsolidierung vorliegen. Es ist daher nicht verwunderlich, dass sich die Durchführung von Tests besonders dann als schwierig erweisen kann, wenn die Beteiligten für die Durchführung der Tests nicht von ihrer normalen Tätigkeit befreit werden.

Eine gute Testorganisation kann jedoch zahlreiche Schwierigkeiten auffangen. Als Basis für die Testplanung dient eine detaillierte Darstellung der von den Benutzern gemeldeten Verfügbarkeiten für die Testdurchführung. Fehlende Testkapazitäten werden so zu einem frühen Zeitpunkt deutlich, und der Aufbau zusätzlicher Kapazitäten kann rechtzeitig begonnen werden.

Testdoku-   Der Erstellung der Testdokumente sollte besondere Beachtung
mentation   beigemessen werden. So sollten die Testbedingungen („Was soll getestet werden?") in Zusammenarbeit mit den Fachbereichen, idealerweise bereits bei der Formulierung der Anforderungen, definiert werden. Die gemeinsame Erarbeitung der Testbedingungen erleichtert die Entwicklung verständlicher Testskripts („Wie soll getestet werden?") erheblich. Zur Strukturierung des Gesamtumfanges des Systemtest empfiehlt sich eine Aufteilung in Testzyklen. So können einzelne Themengebiete systematisch und sukzessive abgearbeitet werden.

Testzyklus 1	Konsolidierungsein-heiten	Sind die Konsolidierungseinheiten korrekt im System hinterlegt?
Testzyklus 2	Erfassungsmasken	Sind die Erfassungsmasken korrekt im System angelegt?
...	...	...

Abbildung 79: Testzyklen

Für jeden Testzyklus sind die Testbedingungen und die erwarteten Ergebnisse festzulegen.

Testzyklus 2	Erfassungsmasken	
	Testbedingung 1: Aufruf der Erfassungsmaske	**Erw. Ergebnis:** Erfassungsmasken lassen sich aufrufen.
	Testbedingung 2: Dateneingabe	**Erw. Ergebnis:** Die Dateneingabe funktioniert.
	Testbedingung 3: Verbuchung der Daten	**Erw. Ergebnis:** Die eingegebenen Daten werden auf die korrekten Konten verbucht.

Abbildung 80: Erwartete Ergebnisse einzelner Testbedingungen

Testskripts

Das Testskript stellt eine detaillierte Arbeitsanleitung dar, mit deren Hilfe der Tester die definierten Testbedingungen Schritt für Schritt am Testsystem überprüfen kann. Der Tester vergleicht die tatsächlichen mit den erwarteten Ergebnissen und notiert Abweichungen bzw. Bemerkungen. Bei der Erstellung eines Testskriptes sollte größter Wert auf die einfache praktische Durchführung gelegt werden. Unklarheiten im Testskript können zur Ablehnung des Tests bzw. zu Nachfragen führen, wodurch sich die Testdurchführung verzögern kann.

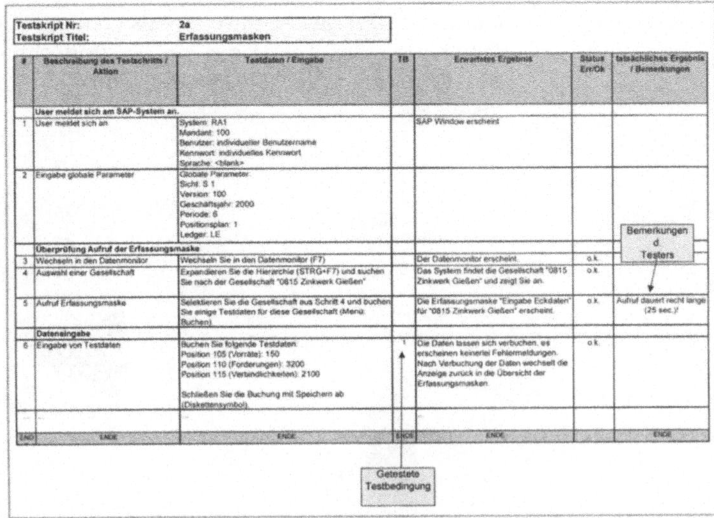

Abbildung 81: Beispiel eines Testskripts

5.4.3   Best Practice-Prinzipien in den Testphasen

Test-Controlling   Entscheidender Erfolgsfaktor für den erfolgreichen Systemtest und eine optimale Steuerung der Ressourcen ist ein effizientes und ständig aktuelles Test-Controlling. Der Testfortschritt muss jederzeit sichtbar sein, um Entwicklungsfehler möglichst frühzeitig zu erkennen. Für das Test-Controlling müssen geeignete Kenngrößen definiert werden. Diesbezüglich sind klar formulierte Testbedingungen ein Ansatzpunkt. Eine Testbedingung ist ein erfolgskritischer Punkt, der durch den Test überprüft werden sollte.

Zur Veranschaulichung lassen sich die tatsächlichen Ergebnisse folgenden Farben zuordnen:

- Test in Arbeit: ohne Farbe

- Test erfolgreich: Status grün

- Test nicht erfolgreich, Fehler aber nicht kritisch: Status gelb

- Test nicht erfolgreich, Fehler erfolgskritisch: Status rot

Der Status kann so über die auf grün bzw. gelb gesetzten Testbedingungen verfolgt werden. In Abbildung 82 sind z.B. 45 % der definierten Testbedingungen bereits erfolgreich getestet

(„grün"). Derartige grafische Auswertungen dokumentieren den Mitgliedern des Testteams den Testfortschritt und tragen neben der Erhöhung der Transparenz auch zur Motivation des Testteams bei.

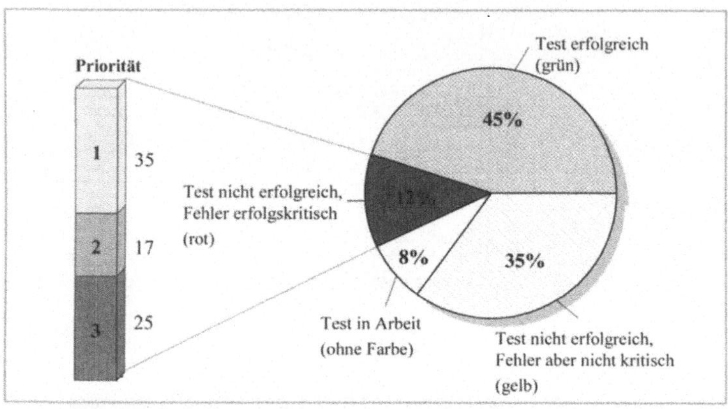

Abbildung 82: Status einer Testphase

Priorität einzelner Testbedingungen

Bei den Testbedingungen gibt es erhebliche Unterschiede hinsichtlich ihrer Wirkung auf den Testverlauf. Einige Testbedingungen sind erfolgskritisch für die Durchführung weiterer Tests. Dieser Zusammenhang sollte in einer weiteren Kennzahl pro Testbedingung definiert werden: der Gewichtung oder „Priorität" der Testbedingung. So sind vollständige und korrekte Stammdaten die Basis für inhaltliche Tests, in denen die im System hinterlegte betriebswirtschaftliche Logik geprüft werden soll (= Priorität 1). Zeigen sich Schwächen am Layout der Ausgabeberichte, die keine Auswirkungen auf deren inhaltliche Richtigkeit besitzen (= Priorität 3), so sollte die Beseitigung des Fehlers zeitlich nachgelagert erfolgen.

Ein relativ einfacher Weg zur Priorisierung ist die Festlegung einer bestimmten Reihenfolge bei der Testdurchführung. Auch in diesem Fall bietet sich ein Rückgriff die in Kapitel 5.1 beschriebene Reihenfolge beim Customizing an: So sollten z.B. die Tests der Stammdaten zeitlich vor dem Test der Validierungen durchgeführt werden.

Gebündelte Änderungen

Wurden im ersten Testlauf Fehler ermittelt, so müssen diese im System korrigiert werden. Um den Arbeitsaufwand zu minimieren, empfiehlt es sich, aufgetretene Fehler gebündelt zu beheben. Dies geschieht beispielsweise durch die Sammlung aller Fehler, die in Zusammenhang mit Erfassungslayouts festgestellt wurden. Danach erst erfolgt die Korrektur aller betroffenen Erfassungslayouts und zuletzt werden die Korrekturen über einen Transportauftrag gemeinsam in das Integrationssystem[59] eingebracht. Nach Behebung der Fehler muss der Test erneut durchgeführt werden (2. Testlauf). Um die Arbeitsbelastung der Tester so gering wie möglich zu halten, können auch diese Retests gebündelt werden. Dies gilt vor allem dann, wenn es sich um Tests handelt, die von den Fachbereichen durchzuführen sind.

Anforderungs-stopp

Häufig kommen viele Mitarbeiter der Fachbereiche trotz frühzeitiger Einbindung in den gesamten Entwicklungs- und Realisierungsprozess erst während des Systemtests mit dem System in Berührung. Der damit einsetzende Lernprozess kann dazu führen, dass Anforderungen nachträglich als nicht sinnvoll erachtet werden und der Wunsch nach Änderungen besteht. Für die Entwicklung wird damit ein Arbeitsaufwand generiert, der erheblich über den geplanten Aufwand für die Fehlerbehebung hinausgehen kann. Im Extremfall handelt es sich um eine vollständige Neuentwicklung. Dies ist nicht zuletzt deswegen möglich, weil die Fachbereiche Interdependenzen des Systems nicht erkennen und daher den Mehraufwand nur unvollständig abschätzen können. Als Lösung bietet sich hier ein konsequenter Anforderungsstopp an. Es wird ein Zeitpunkt definiert, ab dem keine weiteren Anforderungen der Fachbereiche mehr angenommen werden. Dieser Termin wird deutlich im Unternehmen kommuniziert und der Hintergrund erläutert. Diese Maßnahme dient indirekt auch zur Förderung einer frühzeitigen Auseinandersetzung mit dem neuen System.

Trennung der Verantwort-lichkeiten

Zur Sicherstellung höchstmöglicher Qualität sollten die Verantwortlichkeiten zwischen Entwicklung und Test stets getrennt werden. Bei Durchführung des Tests durch den Entwickler besteht die Gefahr, dass Entwicklungsfehler – bewusst oder unbewusst – übersehen werden oder deren Korrektur nicht mit der notwendigen Konsequenz verfolgt wird. Im Idealfall erfolgt der Systemaufbau durch das Projektteam und die Testdurchführung durch die Anwender.

---

[59] Bei einer 3-stufigen Systemlandschaft erfolgt der Test im Integrationssystem (vgl. Kapitel 4.4)

Fehlerdoku-mentation

Die während des Systemtests aufgetretenen Fehler sind vollständig zu dokumentieren. Sie beinhalten wertvolle Informationen, die Aufschluss über die Qualität des Systemdesigns, der Programmierung und der internen Prozesse geben. Der Dokumentation ist bereits bei den Component-Tests besondere Beachtung zu schenken, denn bleiben Fehler hier unentdeckt, so zieht deren Beseitigung später meist einen wesentlich höheren Aufwand nach sich. Diese Vorgehensweise entspricht dem oben beschriebenen „stage containment" des V-Modells. Eine vollständige Fehlerdokumentation erleichtert auch die Planung und Durchführung von Systemtests späterer Releases. Mit der Dokumentation können Schwachstellen dann gezielt getestet werden.

Performance-Test

Die Akzeptanz des Systems durch den Benutzer hängt in hohem Maße davon ab, inwieweit das erstellte System in der Lage ist, die tägliche Arbeit zu erleichtern. Mangelnde Verfügbarkeit bzw. eine schlechte Systemleistung sind wesentliche Gründe, warum ein inhaltlich hervorragendes System von den Benutzern nicht angenommen wird. Dem Aspekt der Systemleistung sollte daher bereits im Rahmen des Systemtests eine hohe Aufmerksamkeit zugemessen werden. Stellt man hier Schwächen fest, so besteht zu diesem Zeitpunkt meist noch die Gelegenheit, Gegenmaßnahmen zu entwickeln und umzusetzen (z.B. Einsatz leistungsfähigerer Hardware).

6 Die Vorbereitung des Unternehmens für einen erfolgreichen Produktiveinsatz

Die Ausführungen des sechsten Kapitels widmen sich der Gestaltung eines unternehmensweiten Rollout von SAP EC während der Phase Deploy und der reibungslosen Einführung von eReporting. Die Bemühungen konzentrieren sich dabei auf die umfassende Distribution von Technik und Wissen; das Kapitel identifiziert dazu die erfolgskritischen Faktoren. Bereits im Vorfeld des Rollout sollten zentrale Hilfsmittel (Tools) zur Messung des Vorbereitungsstandes (Business Readiness) installiert werden.

6.1 Die Veränderung des Rollout

Mit Beginn der Projektphase Deploy (vgl. Kapitel 3.2) verlagert sich der Projektfokus auf den Rollout. In dieser Phase der Übergabe der Applikation steht die unternehmensweite Bereitstellung von Technik und Wissen im Mittelpunkt der Projektaufgaben. Der Rollout stellt das Projekt vor die Herausforderung, im gesamten Unternehmen die bestmöglichen Voraussetzungen für einen reibungslosen und erfolgreichen Produktivstart zu schaffen.

Eine Einführung von eReporting mit der Migration nach SAP EC verschiebt die bisherigen Inhalte und Schwerpunkte des Rollout wesentlich. Lag früher die Zielsetzung überwiegend in der Erfüllung technischer Forderungen, stehen heute inhaltliche und prozessbezogene Aspekte im Vordergrund (vgl. Abbildung 83).

Technische Anforderungen

Die Struktur von SAP EC und das internetbasierte Backbone ermöglichen die Vereinfachung und Verringerung wesentlicher systemtechnischer Aktivitäten. Bedingt durch die technologischen Voraussetzungen haben sich die Prozesse der Softwarebereitstellung und -distribution entscheidend geändert. Mit einem weltweit einheitlichen zentralen System entfallen Problematiken wie der Versand von Softwareversionen. Dadurch erübrigt sich auch die zeit- und kostenintensive Installation, die sich aus jedem Releasewechsel und allen Upgrades und Updates ergibt, denn SAP EC erfordert nur die einmalige dezentrale Installation einer grafischen Benutzeroberfläche (GUI). Alle weiteren systemseitigen Einstellungen erfolgen zentral. Damit ist ein dezentraler Aufbau der Applikation und das Vorhalten von systemtechnischem Verständnis auf Anwenderseite nur noch in sehr reduziertem Maß notwendig.

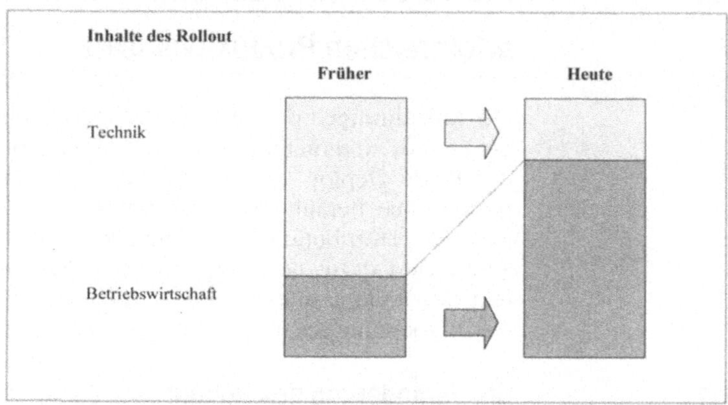

Abbildung 83: Veränderung des Rollout

Betriebswirt-schaftliche An-forderungen

Mit jeder Verbesserung in der Informationstechnologie sind die Anforderungen inhaltlicher Art gestiegen. Früher wurden wenige betriebswirtschaftliche Themen in relativ einfachen Konzernstrukturen abgefragt. Inzwischen haben sich mit der Einführung neuer Kennzahlen und dynamischer Unternehmensstrukturen die inhaltliche Komplexität und die fachlichen Anforderungen in der Konzernrechnungslegung bedeutend erhöht.

Diese Verlagerung des Schwerpunktes von Technik auf Betriebswirtschaft wird sich zukünftig noch verstärken. Auf der technischen Seite ist mit weiteren Innovationen zu rechnen, die die Softwaredistribution vereinfachen. Auf der betriebswirtschaftlichen Seite werden, aufgrund des dynamischen Umfeldes und komplexer werdender Inhalte, die Anforderungen an die Informationsbereitstellung und Datenverarbeitung zunehmen.

6.2   Der Wissenstransfer im Rahmen des Rollout

Dem Rollout kommt – früher wie heute – die Aufgabe zu, das Unternehmen optimal auf den Produktivbetrieb vorzubereiten. Um bei einer Einführung von eReporting dieser Aufgabe gerecht zu werden, müssen im Rahmen der Rollout-Planung folgende Aspekte berücksichtigt werden:

- Hoher Schulungsaufwand durch die konzernweite Einführung neuer betriebswirtschaftlicher Themen (u.a. Integration)

- Komplexere Inhalte infolge neuer betriebswirtschaftlicher Konzepte

Um einen Rollout erfolgreich zu gestalten, sind folgende Punkte zu beachten:

- Wer muss in welchen Themen geschult werden?

- Wie wird geschult?

- Wann wird geschult?

Nachfolgend werden diese Themen diskutiert und erprobte Lösungsansätze vorgestellt.

Zielgruppen-orientierte Wissensver-mittlung

Eine erfolgreiche Wissensvermittlung hat nicht nur den Anspruch, Wissen umfassend zu vermitteln, sondern das auch effizient zu tun. Wichtig ist hierbei, dass die Schulungsmaßnahmen auf die Teilnehmer zugeschnitten sind. Dazu sind das bestehende Vorwissen und der für die tägliche Arbeit benötigte neue Soll-Wissensstand zu berücksichtigen. Es lassen sich somit Personenkreise mit gleichem oder ähnlichem Schulungsbedarf bilden. Im Folgenden werden diese Gruppen als Zielgruppen bezeichnet. In der Praxis kann über die Funktion der Mitarbeiter auf den benötigten Soll-Wissensstand und die Zuordnung zu einer Zielgruppe geschlossen werden. In Abbildung 84 werden Personenkreise und benötigter Soll-Wissensstand bezüglich der zu vermittelnden Inhalte schematisch dargestellt.

In diesem Beispiel können drei unterschiedliche Zielgruppen für betriebswirtschaftliche Schulungen identifiziert werden:

- Zielgruppe 1: Personenkreis A, D

- Zielgruppe 2: Personenkreis B, E

- Zielgruppe 3: Personenkreis C

Es sind somit drei unterschiedliche Soll-Wissensstände vermittelnde Schulungen anzubieten. Im Idealfall werden die Schulungen modular aufgebaut. In diesem Fall kann der Mitarbeiter zusätzlich zu der für seine Zielgruppe vorgesehenen Schulung eine vor- oder nachgelagerte bzw. detaillierte oder aggregierte Schulung besuchen. Dies ermöglicht dem Mitarbeiter eine individuelle Feinjustierung bezüglich des angenommenen bestehenden oder zu erwerbenden Wissensstandes und garantiert eine optimierbare Wissensvermittlung auf Basis von Zielgruppen.

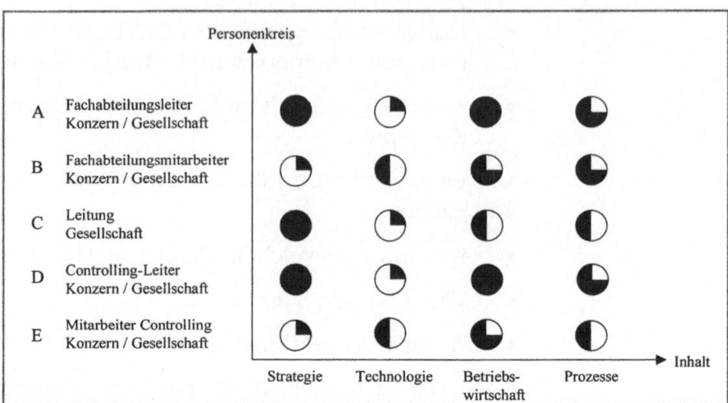

Abbildung 84: Beispielhafte Gewichtung von Soll-Wissensständen abhängig von Personenkreisen und Inhalten

Die zielgruppenorientierte Wissensvermittlung hat den Vorteil, dass jeder Anwender ein auf seine Bedürfnisse zugeschnittenes Schulungsprogramm erhält. Dies erhöht die Motivation beim Schulungsteilnehmer und leistet einen erheblichen Beitrag zur Effizienz der Gesamtprojektkosten.

Train the Trainer-Methode

In der Praxis kann das Entwicklungsteam aus Kapazitätsgründen kaum selbst die Schulungen der Endanwender durchführen. In der Schulungsphase zur Einführung des weltweit größten SAP EC-CS Projekts[60] wurden beispielsweise 1000 Teilnehmer in 10 Ländern in 80 Schulungen parallel trainiert. In diesem Zusammenhang hat sich die Train the Trainer-Methode bewährt, die sich einen Kaskadeneffekt in der Wissensweitergabe zu Nutzen macht. Als Kaskadeneffekt (Multiplikationseffekt) wird der Effekt bezeichnet, der durch die Schulung über mehrere Ebenen erreicht werden soll. Im ersten Schritt werden Trainer durch das Entwicklungsteam ausgebildet. Diese Trainer übernehmen dann in der eigentlichen Anwenderschulungen eine tragende Rolle. Optimal wäre ihre frühzeitige, temporäre Einbindung in das Projektteam und ihre Mitarbeit bei der Erstellung der Schulungsunterlagen. Sollten diese Möglichkeiten nicht bestehen, sind mehrmalige Informationsveranstaltungen oder Workshops zur Vorbereitung der Trainer notwendig.

---

[60] Bezogen auf die dezentralen Anwender im Modul EC-CS.

*Gezielte Vor-
und Nach-
information*

Selbst perfekt geplante und durchgeführte Schulungen reichen nicht aus, um die Anwender vollständig auf die Veränderungen durch eReporting vorzubereiten. Normalerweise erhöht sich der Wissensstand der Anwender unmittelbar nach den Schulungen signifikant. Es besteht allerdings die Gefahr, dass die Wissenskurve danach stark abfällt. Erst mit weiteren unterstützenden Maßnahmen für die Zeit nach den Anwenderschulungen wird die gewünschte Beibehaltung und langfristige Erhöhung des Wissensniveaus erreicht.

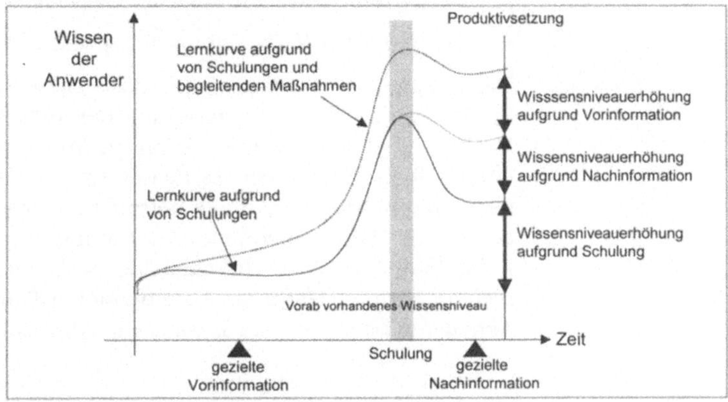

Abbildung 85: Erhöhung des Wissensniveaus durch Schulungsmaßnahmen und gezielte Vor- und Nachinformation

Noch zusätzlich gesteigert werden kann der durch Schulungen erzielte Lerneffekt, wenn bereits im Vorfeld eine inhaltliche Auseinandersetzung mit dem Schulungsthema stattgefunden hat. Es können beispielsweise themenbezogene Literaturhinweise oder bestimmte Schulungsunterlagen vorab an die Teilnehmer verschickt werden. Das üblich schnelle Absinken der Lernkurve nach der Schulung kann durch nachfolgende Aktionen wie die Bereitstellung eines Trainingssystems verhindert werden. Auf einem solchen System kann von den Anwendern ein so genannter Trocken- oder Testlauf durchgeführt werden. Dabei wird der spätere Produktivlauf wie in einer Generalprobe risikolos geübt.

6.3   Der Einsatz eines Business Readiness Tools

Unter dem Ausdruck Business Readiness ist der Grad der Vorbereitung aller am eReporting Beteiligten zu verstehen. Der Gesamtstatus der Business Readiness eines Unternehmens berechnet sich aus dem Einzelstatus aller von der Veränderung Betroffenen (zum Beispiel jeder beteiligten Gesellschaft bzw. jedes Geschäftsfelds). Gerade bei einem globalen Rollout ist die Kontrolle der Business Readiness sehr wichtig, da mit zunehmender Zahl von Gesellschaften ein erfolgreicher und termingerechter Rollout schwieriger wird. Zur Messung der Business Readiness sollte ein Tool verwendet werden, das

- alle erforderlichen Vorbereitungsschritte darstellt und ausreichend Informationen über die Umsetzung bietet und

- den Grad der Vorbereitung misst und darstellt.

Das Intranet ist die technische Basis dieses Business Readiness Tools, das somit problemlos auf der entsprechenden Projekt-Homepage etabliert werden kann. In Abbildung 86 ist ein möglicher Aufbau eines Business Readiness Tools dargestellt. Auf der vertikalen Achse werden alle betroffenen Unternehmenseinheiten dargestellt. Die horizontale Anordnung zeigt eine aggregierte Darstellung möglicher Inhalte. Die prozentualen Ergebnisse errechnen sich an Hand der beantworteten Fragen/durchgeführten Aktivitäten bezüglich der Business Readiness.

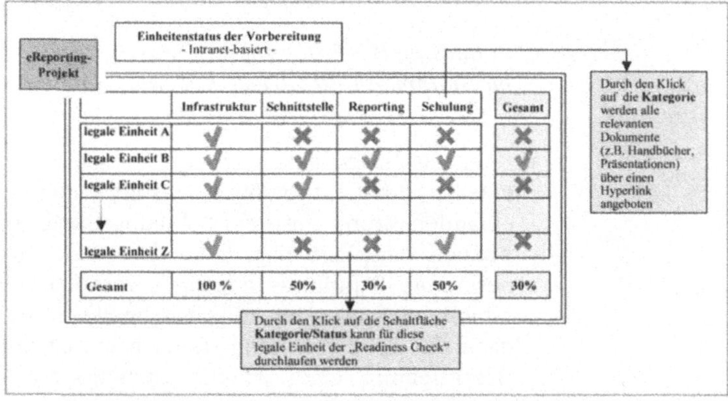

	Infrastruktur	Schnittstelle	Reporting	Schulung	Gesamt
legale Einheit A	✓	✗	✗	✗	✗
legale Einheit B	✓	✓	✓	✓	✓
legale Einheit C	✓	✓	✗	✗	✗
legale Einheit Z	✓	✗	✗	✓	✗
Gesamt	100 %	50%	30%	50%	30%

Abbildung 86: Aufbau eines Business Readiness Tools

Jede Unternehmenseinheit wird aufgefordert, über einen Internet-Fragebogen, der ein Teil des Business Readiness Tools ist, eine Rückmeldung bezüglich der Vorbereitung für den Produktivstart zu geben. Die Fragen können sowohl direkt den Status abfragen (z.B. „Haben Sie den SAP GUI Version 4.6 installiert?"), als auch als Testfragen formuliert werden. Über die Antworten kann automatisch der Status der Unternehmenseinheit ermittelt werden. So lassen sich in Form von Fragen die notwendigen Schritte einer umfassenden Vorbereitung für den Produktivstart überprüfen und dokumentieren. Abbildung 87 stellt einen Auszug aus einem solchen Fragebogen dar.

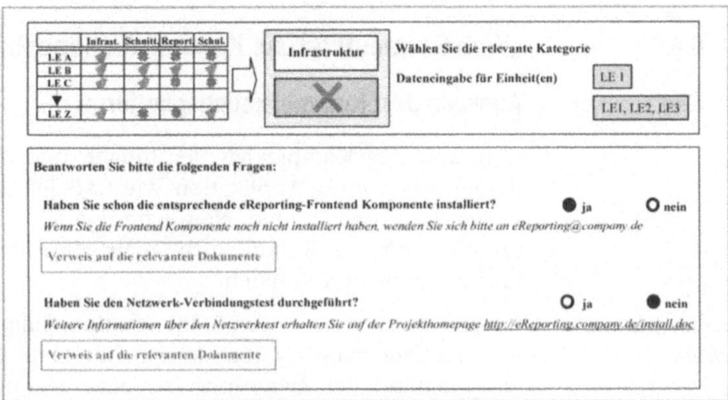

Abbildung 87: Auszug aus einem Fragebogen

Das Projektteam formuliert geeignete Fragen zu allen technischen, organisatorischen oder inhaltlichen Themen und registriert über eine intranetbasierte Datenbank deren Beantwortung durch die Anwender. Hilfreich ist hierbei die Darstellung aller Themen in einer logischen Prozesskette, die auch die kommenden Schritte aufzeigt. Die Bearbeitung der Fragen erfolgt im gesamten Unternehmen online. Der daraus errechnete Business Readiness-Status kann für jeden Anwender dargestellt werden. Die verschiedenen Abstufungen können beispielsweise durch eine Ampelfunktion mit rot, gelb und grün für nicht, teilweise oder vollständig erfüllt, visualisiert werden.

Ein weiterer Schritt für die Gewährleistung einer optimalen Vorbereitung und bestmöglichen Unterstützung der dezentralen Anwender liegt in der Verknüpfung der zu beantwortenden Fragen mit unterstützenden Dokumenten. Dadurch können alle wichtigen Informationen in gebündelter Weise zur Verfügung gestellt werden.

Die grundsätzliche Voraussetzung für den Einsatz eines solchen Tools liegt in der Akzeptanz im Unternehmen, denn die transparente Darstellung aller Einheiten und ihres Vorbereitungsgrades kann auch als zentrale „Überwachung" aufgefasst werden. Hier ist es Aufgabe der Projektleitung und des Projektmarketings, die Anwender von den enormen Vorteilen eines solchen „Tools" zu überzeugen. Dies kann unterstützt werden, aus den Business Readiness-Status der Einheiten Aktionen zur gezielten Schulung der unvorbereiteten Einheiten sowie andere gezielte Hilfestellungen erfolgen.

6.4   „Web Community" als Kommunikationsplattform

6.4.1   Auswahl der Kommunikationsplattform

Aufgrund der Komplexität der Inhalte und Prozesse einer modernen eReporting-Applikation wie SAP EC ist eine traditionelle Versendung von Briefen, Newslettern o. ä. für die Kommunikation während des Rollout nicht mehr ausreichend. Das liegt an fünf wesentlichen Punkten:

Informations-fülle

Erstens muss eine enorme Informationsfülle an die Anwender weitergeleitet werden. Eine Vorselektion der Informationsmenge entsprechend der Zielgruppe ist daher unumgänglich. Aufgrund der verschiedenen Zielgruppen muss die Information für jeden Anwender konfektioniert werden. Es sollte aber auch die Möglichkeit bestehen, sich über die Themen anderer Zielgruppen einen Überblick zu verschaffen.

Statusüber-wachung

Zweitens ist es bei einer großen Anzahl von (teilweise neu akquirierten) Gesellschaften nur unter erheblichen Aufwand möglich, mit jeder Gesellschaft Kontakt zu halten. Entsprechend aufwendig ist daher auch die Kontrolle, ob die Information den jeweiligen Anwender erreicht hat.

Feedback

Bei der Einführung von neuen Systemen spielt die Akzeptanz seitens der Anwender stets eine große Rolle. Akzeptanz für ein neues System kann jedoch kaum geschaffen werden, ohne mit einer großen Zahl von Anwender selbst in Kontakt zu treten und von ihnen Feedback auch über Verbesserungsmöglichkeiten einzuholen. Die Kommunikationsplattform muss also drittens die Möglichkeit bieten, Feedback einzuholen und die Anwender aktiv einzubinden.

Erfahrungsaus-tausch

Der vierte Punkt bezieht sich auf die Einführung und den Betrieb der Applikation. Bei mehreren tausend Anwendern ist ein sehr hoher zentraler Aufwand für die Betreuung zu erwarten. Dieser Aufwand kann reduziert werden, indem sich die Anwender gegenseitig unterstützen und Erfahrungen austauschen, ohne sich mit jeder Frage an die zentrale Betreuung zu wenden. Wenn es gelingt, den internen Erfahrungsaustausch zu institutionalisieren, reduziert sich der zentrale Unterstützungsaufwand.

Aktualität   Projekte haben mittlerweile häufig kurze Einführungszeiten, so dass in einem knapp bemessenen Zeitraum viele Informationen vermittelt werden müssen. Dabei gibt es speziell in den letzten Wochen und Monaten vor dem Produktivstart Neuigkeiten, die für die Anwender relevant sind. Angesichts der erforderlichen Geschwindigkeit der Informationsvermittlung und einer schnellen Projektentwicklung muss fünftens das Kommunikationsmedium ständig dynamisch aktualisiert werden können.

Aus den genannten Gründen sollte eine Kommunikationsplattform verwendet werden, welche die Informationsfülle bewältigt und an die Anwender weltweit übermittelt. Dabei müssen die Anforderungen des Kommunikationsplans erfüllt werden. Die Kommunikationsplattform muss Informationen vom Anwender zurück zum Projekt kanalisieren können, um den Status transparent zu machen und Feedback einholen zu können. Idealerweise ermöglicht sie außerdem eine Kommunikation zwischen den Anwendern. Zusätzlich müssen die Informationen dynamisch und flexibel änderbar sein und sofort gezielt an die jeweils Betroffenen weitergeleitet werden.

Ausgehend von diesen Anforderungen können die zu Verfügung stehenden Kommunikationsplattformen bewertet werden. In Abbildung 88 wird nach oben der Grad der Dynamik der Kommunikationsplattform, nach rechts deren Interaktivität aufgetragen.
Auf der untersten Stufe befinden sich statische Kommunikationsmedien, bei denen die Informationen vorab zusammengefasst und versandt werden und die danach nicht mehr änderbar sind. Eine Aktualisierung ist nur durch eine erneute Versendung möglich. Beispiele dafür sind ein Brief oder eine e-Mail.

Die Medien auf der mittleren Ebene lassen eine manuelle Aktualisierung zu. Ein Beispiel aus dem Alltag ist ein „schwarzes Brett", an das eine Meldung angehängt werden kann, ohne dass dadurch alle Besucher informiert werden. Eine herkömmliche Webseite gehört ebenfalls zu dieser Kategorie.

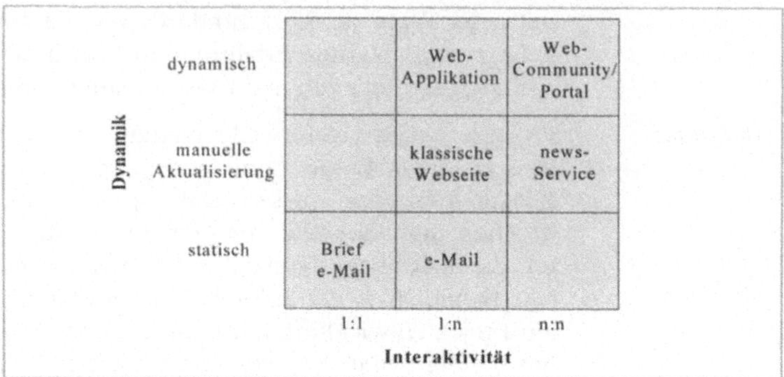

Abbildung 88: Medien der Projektkommunikation

In der obersten Kategorie befinden sich dynamische Medien, bei denen der Anwender interaktiv den Informationsinhalt verändern kann. Web-Applikationen mit Zugriff auf Datenbanken haben im allgemeinen diese Eigenschaften.

Die Achse nach rechts stellt die Interaktivität der Kommunikationsform dar: Die auf der linken Diagrammseite angeordnete 1:1 (one-to-one) Kommunikation findet ausschließlich zwischen zwei Kommunikationsteilnehmern statt. Eine 1:n (one-to-many) Kommunikation überträgt Informationen von einem ausgewählten Teilnehmer zu mehreren anderen Teilnehmern. Bei n:n (many-to-many) Kommunikation hat jeder Kommunikationsteilnehmer die Möglichkeit, Informationen an die anderen Teilnehmer oder einem Teil von ihnen zu versenden. Analog können die Empfänger wieder antworten.

Web Community

Ordnet man einige wichtige Kommunikationsmedien in das Diagramm ein, so zeigt sich, dass lediglich eine Web Community diese Anforderungen erfüllt. Welche Vorteile bietet eine solche Web Community? Eine Web Community ist eine virtuelle Vereinigung von Personen mit gleichen Interessen oder gleichen Tätigkeiten, die Informationen zu den sie verbindenden Themen austauschen. Kommunikationsmedium ist das Internet, d. h. keine physische Präsenz ist nötig. Solche Web Communities sind damit unabhängig vom Ort der beteiligten Personen.

eReporting-Community

Als Kommunikationsplattform für die Einführung und den Betrieb des eReporting wird eReporting-Community folgendermaßen definiert: Die eReporting-Community ist die Vereinigung aller am eReporting beteiligten Personen. Dies sind speziell die Anwender des eReporting-Systems, aber auch alle, die über das eReporting Informationen beziehen oder in einer anderen Weise davon betroffen sind. Kommunikationsmedium für alle Mitglieder der Community ist eine Intranet-Applikation.

Verantwortung der Anwender

Die zentrale Zielsetzung einer eReporting-Community sollte darin liegen, dass der Anwender sich frühzeitig und eigenverantwortlich mit der Thematik beschäftigt. Dies kann durch folgende Aktionen geschehen.

- **Ständige Information aller Anwender über den Projektfortschritt**: Aufgrund der Entfernung vom Projektort erhalten die User darüber sonst kaum Informationen.

- **Schnelle Information über relevante Änderungen**: Bei globalen Rollout können Anwender nicht nur über Schulungen oder Briefe angesprochen werden.

- **Bereitstellung zusätzlicher Hintergrundinformationen**: Antworten auf die Frage „Warum ist das durchgeführt worden?" erhöhen das Verständnis und fördern die Akzeptanz der Veränderungen.

- **Individuelle Informationszusammenstellungen**: Jeder kann sich die benötigte Information selbst zusammenstellen.

- **Einarbeitung des Feedbacks und der Anregungen**: Nur wenn die Anwender feststellen, dass Anregungen und Kritik berücksichtigt wurden, werden sie auch langfristig Feedback geben.

- **Anregung einer aktiven Diskussion der Anwender untereinander**: Eine vom Projektteam begleitete Diskussion der Anwender fördert den Erfahrungsaustausch und das Feedback an das Projekt.

Wenn es gelingt, den Anwendern Verantwortung zu übertragen, wirken sie aktiv bei der Projektdurchführung mit. Damit tragen sie nicht nur in Form von Kritik zum Gelingen bei, sondern bieten bisweilen auch praxisrelevante Verbesserungsvorschläge an. Daher ist insbesondere in der Design- und Test-Phase die aktive Mitwirkung der Anwender sehr vorteilhaft.

Allerdings besteht die Gefahr, dass ein Teil der Anwender sich vorab kaum mit dem Projekt beschäftigen kann. Eine Feedback-Pflicht ermöglicht ein repräsentatives Feedback nicht nur einiger aktiverer User. Dies kann nur durch Personalisierung erreicht werden. Der Anwender wird namentlich als Teil der Community aufgeführt. Damit ist transparent, welche Anwender aktiv in der

Community mitwirken und welche man zusätzlich und gezielt mit Informationen beliefern muss.

Da die Community die zentrale Kommunikationsplattform des Projekts darstellt, ist es möglich, alle Aktionen zu protokollieren und somit die Transparenz und auch den Wissensfortschritt zu fördern. Die Protokollierung der Aktionen kann automatisch durch technische Maßnahmen erreicht werden. Die Auswertung und Ableitung der durchzuführenden Aktionen muss durch das Projektteam erfolgen.

Content Manager

Voraussetzung für den erfolgreichen Aufbau einer eReporting-Community während der Projektphase ist die aktive Mitwirkung eines „Content Managers", der als Teil des Projektteams alle Aktionen in der Community koordiniert, als Moderator bei Diskussionen auftritt, das Feedback auswertet und an die richtigen Ansprechpartner weiterleitet. Ohne für diese Aktionen seitens des Projektteams Kapazitäten bereitzustellen, ist der erfolgreiche Aufbau einer eReporting-Community nicht möglich.

6.4.2   Aktive Kommunikation mit den Anwendern während der Projektphase

Push-, Pull- und Feedback-Prinzip

Eine aktive Einbindung der Anwender in den Entwicklungsprozess kann durch folgende Kommunikationsprinzipien herbeigeführt werden:

- direkte Kommunikation über Ansprache der Zielgruppe (so genanntes Push-Prinzip),
- indirekte Kommunikation über die passive Bereitstellung von Information, auf die Anwender im Bedarfsfall zugreifen können (so genanntes Pull-Prinzip),
- Feedback-Prinzip (wird im Folgenden näher erläutert).

Aus dem Design der eReporting Applikation können sich beispielsweise neue Validierungsregeln zwischen den Konten der internen und der externen Berichterstattung ergeben. Die Kommunikation dieser Information nach dem Push-Prinzip hätte zur Konsequenz, dass beispielsweise eine e-Mail an alle Rechnungswesenleiter des Konzerns geschickt würde, in der die prinzipiellen Änderungen beschrieben werden. Das Problem dieses Prinzips ist die mangelnde Zielorientiertheit. So könnten etwa die Leiter des Rechnungswesens durch die vielen e-Mails, die sie im Laufe der Design-Phase erreichen, einen „Information Overload" erleiden, also die Informationsmenge nicht mehr bearbeiten können. Andere dagegen würden die für sie durchaus relevanten Detailinformationen möglicherweise nie erhalten.

Würde die Information mittels des Pull-Prinzips kommuniziert, könnten beispielsweise alle relevanten Dokumente auf der Webseite des Projekts zur Verfügung gestellt werden. Jeder der auf den Server zugreift, würde sich alle gewünschten Informationen beschaffen können. Problematisch ist hierbei aber die Unsicherheit der Informationsübermittlung und die mangelnde Breite der Streuung. Denn es würden nur die Anwender informiert werden, die von sich aus auf die bereitgestellte Information zugreifen. Den Projektteams würde nicht bekannt sein, wer noch gezielter informiert werden müsste und welche Probleme auftreten.

Diese Information liefert das Feedback-Prinzip, durch das der Anwender automatisch (z.B. durch Protokollierung der Zugriffe) oder manuell (z.B. durch Feedback-Mails) das Projektteam informiert.

Kombination der Prinzipien

Erst durch die Kombination des Push-, Pull- und Feedback-Prinzips kann eine aktive Einbeziehung der Anwender erreicht werden.

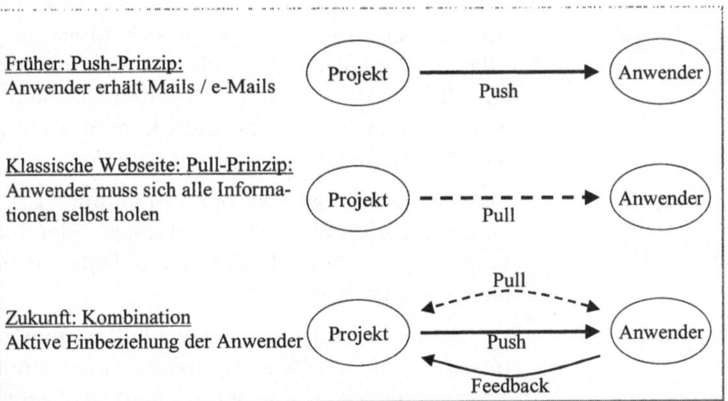

Abbildung 89: Push-, Pull- und Feedback-Prinzip

Realisierung der Kombination

Zur Realisierung der beidseitigen aktiven Kommunikation stehen prinzipiell alle herkömmlichen Methoden und Mittel der Information zur Verfügung. Um den gewünschten Effekt zu erzielen, muss jedoch darauf geachtet werden, dass dabei alle Prinzipien berücksichtigt und miteinander kombiniert werden. Im Einzelnen könnten die Maßnahmen wie folgt aussehen:

Auf herkömmlichen Webseiten von Projekten stehen meist nur Dokumente wie Präsentationen, Dokumentationen oder Protokolle zur Verfügung, die sich jeder Anwender selbst herunterladen und studieren muss (Pull). Bei Web-Applikationen übergibt der Anwender einmalig sein Profil (welche Funktion hat er, zu welcher Gesellschaft gehört er usw.) und selektiert damit die für ihn relevanten Themen. Dieses Profil wird in einer Datenbank gespeichert. Falls es Neuigkeiten zu diesen Themen gibt, wird der Anwender automatisch per eMail oder personalisierte News-Ticker auf der Web-Applikation informiert (Push).

Wenn der Anwender auf Informationen im Intranet zugreift (Pull), verwendet er dabei intelligente Suchalgorithmen bzw. greift auf eine für ihn optimierte, personalisierte Vorsortierung der Information zu. Diese Information besteht aus Dokumenten, aber auch aus den Inhalten verschiedener Datenbanken. Beim Zugriff auf ein Dokument oder eine Datenbank wird automatisch die Zugriffsstatistik aktualisiert (Feedback). Zusätzlich beantwortet der Anwender kurze Onlinefragebögen zu jedem recherchierten Thema und Dokument.

Das Projektteam kann so zu jeder Zeit den Status des Wissensaufbaus und die Probleme und Verbesserungsvorschläge jedes Anwenders abrufen. Es kann sich über die vom Anwender gepflegte Profilinformation über Adressen, besondere Eigenschaften des Users und über Gesellschaftsdaten informieren. Diese Status- und Gesellschaftsdaten können online auch anderen Anwendern zur Verfügung gestellt werden.

Ein besonderer Aspekt der Community ist, dass beispielsweise Onlineanmeldungen für Schulungen oder Informationsveranstaltungen möglich sind und deren Status in das Anwenderprofil übernommen werden kann.

Durch den Einsatz von Online-Diskussionsforen ähnlich der im Internet üblichen Newsgroups zusammen mit FAQ-Dokumenten (Frequently Asked Questions) kann der zentrale Unterstützungsaufwand reduziert und eine Diskussion zwischen den Anwendern angestoßen werden.

Für spezielle Aktionen wie Pilotprogramme oder Tests zur Anwenderakzeptanz können detaillierte Aufgabenbeschreibungen in Form von Fragebögen oder Testskripts online dargestellt werden. Wenn eine Aufgabe oder ein Test erledigt wurde, muss seitens der Anwender der Status oder das Ergebnis gemeldet werden. Dies kann vom Projektteam ohne Zeitverzug begleitet werden.

7 Aspekte beim Betreiben eines globalen SAP EC eReporting-Systems

Mit dem Produktivstart erfolgt der Übergang von der Entwicklungsphase in das Betreiben des neuen eReporting-Systems (im Folgenden als „Operating" bezeichnet). Dieses umfasst ein wesentlich größeres Aufgabenspektrum als der traditionelle Systembetrieb, der primär die technische Verfügbarkeit und die Systembedienung betrachtet. Das Betreiben eines eReporting-Systems erfordert die Einbeziehung aller technischen, inhaltlichen und prozessbezogenen Aspekte der Konzernberichterstattung. Dies sind neben der technischen Verfügbarkeit des Systems eine umfassende Betreuung aller Anwender und Prozessbeteiligten sowie die Steuerung und Pflege des eReporting-Systems und seiner Prozesse. In diesem Kapitel werden die wesentlichen Aspekte des Operating beschrieben. Der erste Teil beschäftigt sich mit der Gestaltung des Übergangs in den laufenden Betrieb. Danach wird dargelegt, wie das Management von Anforderungen hinsichtlich Erweiterungen und Anpassungen erfolgen kann. Im dritten Teil werden Optionen für den Aufbau und die Pflege aller Stammdaten und Strukturen beschrieben, da deren Qualität von erheblicher Bedeutung für die Gesamtqualität des eReporting sind. Der letzte Teil erläutert Ansätze für die Steuerung des eReporting mithilfe von Kennzahlen.

7.1 Gestaltung des Übergangs aus der Entwicklungsphase in den Produktivbetrieb

7.1.1 Kritische Punkte beim Übergang in den Produktivbetrieb

Der Übergang von der Entwicklungsphase in den Produktivbetrieb und in die damit verbundene prozessorientierte Organisation führt zu erheblichen Veränderungen im Zusammenspiel der Einheiten der Konzernberichterstattung. Der Umfang dieser Veränderungen erfordert es, bei der Gestaltung des Übergangs einen ganzheitlichen Ansatz zu verfolgen. Die Veränderungen resultieren einerseits aus der Umstellung auf die neuen IT-Verfahren und dem Wegfall bisheriger Aktivitäten im Datenmanagement.

Zum weitaus größeren Teil resultieren diese Veränderungen aber aus den organisatorischen Neuerungen, die mit der Umsetzung des integrierten Prozessmodells und der neuen Funktion des „Process Owner", des Verantwortlichen für den Prozess der externen und internen Berichterstattung einher gehen. Zu den Aufgaben des Process Owner gehört auch die Verantwortung für das produktive Reporting in SAP EC.

Zeitpunkt für den Projekterfolg

Die vorausschauende Gestaltung dieser Veränderungen ist eine wichtige Voraussetzung für den nachhaltigen Projekterfolg. Der Erfolg eines eReporting-Projektes misst sich nicht nur an der termin- und budgetgerechten Beendung des Projektes und der qualitativ hochwertigen Bereitstellung des SAP Systems. Wichtigste Messgröße für den Projekterfolg ist vielmehr die nachhaltige Erfüllung der Nutzenerwartungen. Dieser Nutzen kann aber erst voll realisiert und bewertet werden, wenn die ersten Produktivabschlüsse (z.B. Monats- und Quartalsabschlüsse) im neuen System erfolgreich erstellt wurden. Die folgende Abbildung zeigt, dass sich der Erfolg eines SAP eReporting-Projektes erst im Ablaufprozess während des Produktivbetriebs in Form von Monats- und Quartalsabschlüssen als so genannte Produktivtermine manifestiert.

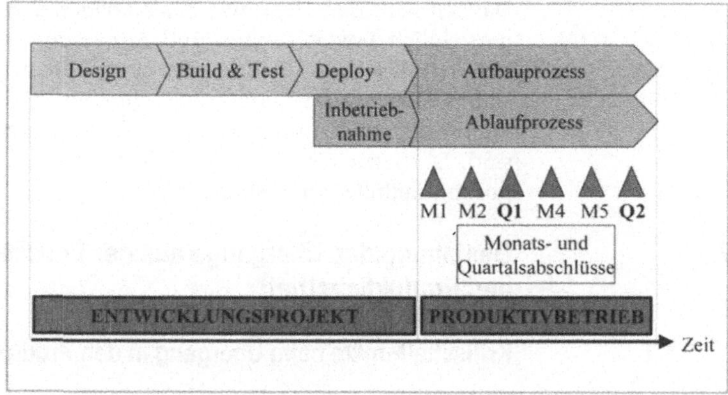

Abbildung 90: Produktivtermine als Messgrößen

Kritische Punkte Erfahrungsgemäß ergeben sich bei der Überführung der Entwicklungsaktivitäten in den Produktivbetrieb folgende kritische Punkte:

- Übergreifendes technisches und inhaltliches Wissen ist vor allem im Entwicklungsteam vorhanden. Die zukünftigen Anwender können aufgrund ihrer Beanspruchung durch das Tagesgeschäft häufig nur in eingeschränktem Umfang am Projekt mitwirken und konzentrieren sich dabei auf die eigenen Teilaspekte (Themengebiete). So ist ein für die Umsatzberichterstattung verantwortlicher Mitarbeiter eventuell mit den Besonderheiten einer Kapitalflussrechnung vertraut. Darüber hinaus erschwert die traditionelle Trennung von Fachbereichen und IT-Abteilungen den gleichzeitigen Aufbau von technischem und inhaltlichem Wissen. Diesem Umstand kann jedoch durch die Bildung von gemischten Projektteams entgegengewirkt werden.

- Die notwendigen Kenntnisse der zukünftigen Anwender können durch Schulungen nur bis zu einem gewissen Grad aufgebaut werden, da die Möglichkeiten der zeitlichen Freistellung von Mitarbeitern für umfassende Schulungsmaßnahmen häufig beschränkt sind. Darüber hinaus können im Rahmen von Schulungen in der Regel die zukünftigen Aufgaben weder in ihrer gesamten Bandbreite noch in der vollständigen Tiefe vermittelt werden.

- Die zukünftigen Anwender befassen sich teilweise sehr spät (häufig erst im Produktivlauf) eingehend mit dem neuen System und den resultierenden Veränderungen. Dies gilt auch dann, wenn die in Kapitel 6 beschriebenen Schulungsmaßnahmen optimal eingesetzt werden, da manche Anwender nicht an den Schulungsmaßnahmen teilnehmen konnten oder neu in das Unternehmen eingetreten sind.

Anwenderunterstützung

Diese Situation führt dazu, dass beim Übergang in den Produktivbetrieb mit einem erhöhten Unterstützungsbedarf der Anwender zu rechnen ist. Außerdem ist bei einem ganzheitlichen Integrationsansatz hinsichtlich der Anwenderunterstützung darauf zu achten, dass sich die Unterstützungsmaßnahmen nicht nur auf die reaktive Hilfe bei Anfragen zur Systembedienung beschränken. Vielmehr ist eine proaktive, umfassende Betreuung der Anwender in allen technischen, inhaltlichen, terminlichen und prozessbezogenen Fragen erforderlich.

Veränderung Unterstützungsbedarf

Darüber hinaus muss sich die Betreuung auf Veränderungen im Unterstützungsbedarf der Anwender einstellen. So nimmt insbesondere die Anzahl der Anfragen im Verlauf der Umstellung ab, während die Anforderungen an die Qualität der Unterstützung steigen. Grund dafür ist, dass die Fragen zu Bedienung und

Technik, die überwiegend zu Beginn der Einführung anfallen, mit wachsender Vertrautheit der Anwender mit dem System abnehmen. Der auch nach der Einführungsphase verbleibende, nahezu konstante Anteil an Fragen zu Bedienung und Technik erklärt sich aus der Anwenderfluktuation. Damit überwiegen bei abnehmender Gesamtzahl von Anfragen diejenigen, die Inhalte und Strukturen betreffen und von der Betreuung technische wie fachliche Kompetenz verlangen. Dieser Zusammenhang wird in Abbildung 91 nochmals verdeutlicht.

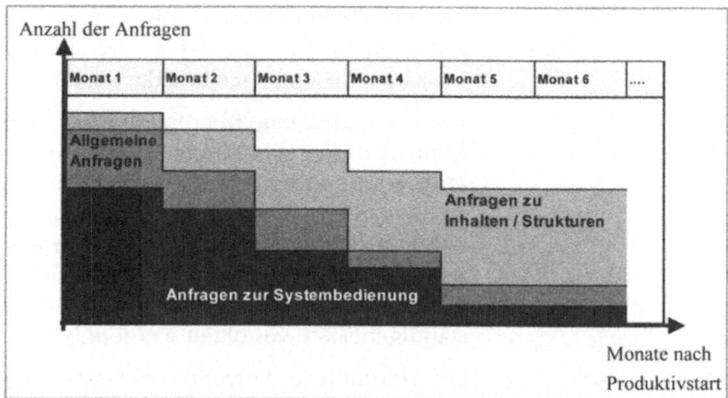

Abbildung 91: Zeitlicher Verlauf von Anzahl und Art der Anfragen bei der Anwenderbetreuung

Gleichzeitig nimmt auch die Erfahrung der Mitarbeiter in der Anwenderbetreuung zu, was wiederum zu einer Verringerung der Bearbeitungszeit von Standardanfragen führt ("Lernkurve").

Vorbereitung Anwenderunterstützung

Der sich im Laufe des Produktivbetriebs verändernde Unterstützungsbedarfs erfordert in der Anfangsphase eine Verstärkung des Teams von Mitarbeitern, die zur Betreuung der Anwender vorgesehen sind. Sinnvoll ist dabei die Einbindung von Mitgliedern des Entwicklungsteams, da so auch der Wissenstransfer verstärkt und beschleunigt werden kann. Wie Abbildung 92 zeigt, nimmt mit fortschreitender Zeit nicht nur die Anzahl der Mitarbeiter ab, die für die Anwenderbetreuung zuständig sind, sondern es ändert sich ebenfalls die personelle Zusammensetzung des Betreuungsteams.

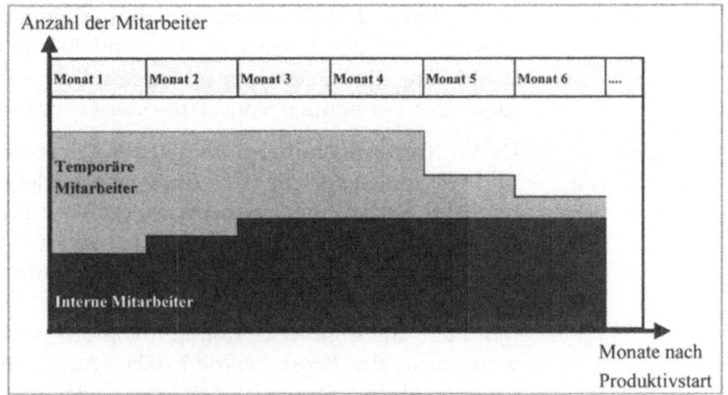

Abbildung 92: Anzahl der Mitarbeiter in der Anwenderbetreuung

Organisatorische Veränderungen im Konzernrechnungswesen

Ein nicht zu vernachlässigender Aspekt ist der Übergang von einer funktionalen zur einer prozessorientierten Organisation, der zu erheblichen Veränderungen im Konzernrechnungswesen führt. Grund dafür ist die Neudefinition von Aufgaben und Verantwortlichkeiten im eReporting. Häufig damit verbunden ist der Übergang von Aufgaben und Verantwortlichkeiten zwischen Organisationseinheiten. Der Transfer dieser Aufgaben erfordert vielfach auch den Transfer der dafür verantwortlichen Mitarbeiter. Durch die Neugestaltung der Prozesse können auch Aufgaben wegfallen oder neue Aufgaben hinzukommen, für welche die bei den Mitarbeitern vorhandenen Kenntnisse nicht ausreichen.

Sowohl die Aufgaben und Verantwortlichkeiten der Prozessbeteiligten als auch die des neuen Process Owner müssen definiert werden und einem gemeinsamen Verständnis aller Prozessbeteiligten unterliegen. Zusätzlich müssen die Schnittstellen zu bei anderen Organisationseinheiten verbleibenden Aufgaben bestimmt werden.

Festlegung von Regeln

Ein weiterer Aspekt ist die frühzeitige Festlegung von Regeln für die Prozessteilnehmer im eReporting. Neben allgemeinen Regeln wie Berechtigungen für den autorisierten Datenzugriff sind besonders Regeln notwendig, die bei nicht termingerechter Datenbereitstellung sowie bei nachträglichen Anpassungen anzuwenden sind.

Terminüberschreitung

Das eReporting ist darauf ausgelegt, eine möglichst kurze Durchlaufzeit in der internen und externen Berichterstattung zu erreichen. Daher sind Einheiten, die zum vorgegebenen Termin nicht melden, besonders kritisch. Hier sind Eskalationsprozeduren zu definieren. Eine Regel bei fehlenden Daten könnte z.B. das ersatzweise Verwenden von Plan- oder Forecast-Daten sein.

Nachträgliche Anpassungen   Da im Konzerndatenpool komplexer Konzerne Gesellschaftssicht und Geschäftsfeldsicht vollständig abgebildet werden, sind nachträgliche Änderungen in zweierlei Hinsicht problematisch. Änderungen auf tiefer Ebene (z.B. in einem Geschäftsfeld einer legalen Einheit) verändern sowohl die Summe der legalen Einheit als auch die Summe des Geschäftsfeldes. Als Konsequenz muss ein umfangreicher Kommunikationsprozess in Gang gesetzt werden. In der Praxis werden daher Anpassungen entweder auf höherer Ebene oder in der Folgeperiode durchgeführt. Bei mehrere Geschäftsfelder betreffenden Anpassungen, z.B. Umbuchungen zwischen Geschäftsfeldern, empfiehlt sich die Benennung von Koordinatoren, die Geschäftsfeld übergreifend buchen können.

7.1.2   Maßnahmen zur Gestaltung eines nahtlosen Übergangs

Übergangsphase   Um den Übergang von der Entwicklungsphase in den Produktivbetrieb reibungslos zu gestalten, ist das systematische Durchlaufen einer Übergangsphase erforderlich, in der die neue prozessorientierte Organisation gestaltet und etabliert wird. Die Übergangsphase muss vor Beginn des Produktivbetriebs durchlaufen werden und läuft somit parallel zur Deployphase des Projektes.

Die Übergangsphase wird in die drei Abschnitte Definition, Implementierung und Anpassung unterteilt.

Definition   Wichtigster Bestandteil des Abschnitts Definition ist die frühzeitige und verbindliche Festlegung der Aufgaben des Process Owner und aller am eReporting Beteiligten. Dieser Schritt ist erforderlich, da der Übergang zur prozessorientierten Organisation zu unklaren Verantwortlichkeiten zwischen den Einheiten im Konzernrechnungswesen führen kann. Wenn keine eindeutige Aufgabenverteilung erfolgt, besteht die Gefahr, dass notwendige Aufgaben entweder nicht oder aber von mehreren Prozessbeteiligten wahrgenommen werden. Dies kann zu einer erheblichen Verunsicherung der Mitarbeiter und Anwender führen.

Nach Festlegung der Aufgaben können auf Basis des integrierten eReporting-Prozessmodells die vom Process Owner zu erfüllenden Service-Leistungen sowie die zugehörigen Servicegrade festgelegt werden. Zur Überprüfung des Erfolgs und der Effizienz der Service-Leistungen müssen auch dazu geeignete Messgrößen und Zielvorgaben definiert werden.

Nachdem durch diese Schritte vor allem die Abgrenzung nach außen erfolgt ist, muss nun noch die interne Struktur des Process Owner definiert werden. Dies erfolgt durch die Überleitung der Aufgaben in die dafür notwendigen Rollen („Rollen-Design") und die zugehörigen Anforderungsprofile der zukünftigen Mitarbeiter („Job-Design"). Die Auswahl der Mitarbeiter erfolgt auf Basis dieser Profile. Anschließend werden die notwendigen internen Strukturen und Verantwortlichkeiten festgelegt. Aufgrund der Prozessorganisation handelt es sich aber nicht um ein funktionales Organigramm im traditionellen Sinne, sondern um ein Prozessmodell. Den einzelnen Prozessen werden dabei Mitarbeiter und Verantwortliche zugeordnet.

Implemen-
tierung

Eines der wichtigsten Erfolgskriterien für die Implementierung als zweiten Abschnitt der Übergangsphase ist die frühzeitige Auswahl und Rekrutierung der für die Anwenderbetreuung benötigten Mitarbeiter. Nur so kann ein umfassender Wissenstransfer und die systematische Vorbereitung der Mitarbeiter auf die anstehenden Aufgaben erfolgen. Begleitet werden muss dies durch eine frühzeitige und umfassende Kommunikation der Veränderungen an alle Prozessbeteiligten. Als Medium haben sich Informationsbroschüren, Intranetseiten bzw. die Etablierung einer Web Community (vgl. Kapitel 6) und spezielle Informationsveranstaltungen bewährt. Zusätzlich sollten die in den einzelnen Projektphasen ohnehin verwendeten Kommunikationskanäle und Schulungen eingesetzt werden. Besonders Schulungen bieten sich an, die zukünftigen Anwender nicht nur zu informieren, sondern auch um die Mitarbeiter der Anwenderbetreuung mit ihren „Kunden" bekannt zu machen.

Tools für die
Anwender-
betreuung

Für die effiziente Betreuung der Anwender müssen neben einer ausreichenden Zahl von geschulten Mitarbeitern auch geeignete Hilfsmittel verfügbar sein. Dazu zählen vor allem zentrale Systeme zur Verwaltung von eMail- und telefonischen Anfragen (z.B. Call Tracking, zentrale eMail-Adressen, Trouble Ticket-Systeme).

Anpassungen

Aufgrund der umfangreichen und tief greifenden Veränderungen sind auch nach Produktivsetzung Anpassungen erforderlich. In diesem dritten Abschnitt der Übergangsphase sollten die Erfahrungen der ersten Produktivaktivitäten und das Feedback aller Prozessbeteiligten erhoben und genutzt werden. Die frühzeitige Definition von zumindest vorläufigen Kennzahlen und Messgrößen für Erfolg oder Nichterfolg des Operating erleichtert die Gestaltung von Anpassungsmaßnahmen erheblich. Die exakte Festlegung aller Messgrößen und Kennzahlen erfolgt dann schrittweise unter laufender Berücksichtigung der Erfahrungen im Produktivbetrieb.

7.2   Systematische Weiterentwicklung durch das Anforderungsmanagement

Auch nach Beendung des Entwicklungsprojektes ist die (Weiter-) Entwicklung des eReporting-Systems nicht abgeschlossen. Gerade zu Beginn des Produktivbetriebs ergibt sich aus folgenden drei Gründen ein erhöhter Anpassungsbedarf:

Anpassungs-bedarf nach Produktiv-setzung

- Neue Anforderungen und Veränderungen in der Betriebswirtschaft, die auch in den bisherigen Abschluss- und Berichterstattungssystemen hätten umgesetzt werden müssen, sind zu implementieren.

- Erfahrungsgemäß erkennen die Anwender häufig erst im Produktivbetrieb den Realisierungsstand und die Auswirkungen der in der Designphase definierten Anforderungen. Hier kann sich eine Diskrepanz zwischen der gewollten und der tatsächlichen Umsetzung ergeben, die nachträgliche Anpassungen erforderlich macht.

- Weitere Anforderung entstehen dadurch, dass die Anwender nur schrittweise das volle Potential des eReporting mit SAP EC erkennen und erst danach weitergehende Anforderungen und Verbesserungen definieren können.

Anforderungs-prozess

Die Beendung des Entwicklungsprojektes führt zu einer veränderten Behandlung von Anforderungen seitens der Anwender. Während der Designphase wurden die Anforderungen aktiv vom Entwicklungsteam erhoben und im Feinkonzept berücksichtigt. In den späteren Projektphasen wurden neue oder geänderte Anforderungen von den Anwendern eingebracht und über einen formalisierten Änderungsanfrageprozess (Change Request Prozess) berücksichtigt.

Kernkompetenz Management von Anforde-rungen

Nach erfolgter Produktivsetzung sollen neue bzw. geänderte Anforderungen nicht mehr direkt an das Entwicklungsteam des Projektes gestellt werden. Statt dessen ist es empfehlenswert, die neuen bzw. geänderten Anforderungen von einer neutralen Stelle bewerten und priorisieren zu lassen, um Modifikationen sinnvoll und koordiniert einfließen zu lassen. Dazu ist es vielmehr erforderlich, das Management und die Umsetzung von Anforderungen als wichtige Kernkompetenz des Process Owner zu verstehen und über ein „Anforderungsmanagement" zu institutionalisieren. Dieses stellt die systematische Weiterentwicklung durch die Steuerung und Koordination aller Anforderungen sicher, ermöglicht eine Kontrolle der Entwicklungskosten und „schützt" zugleich die mit der Umsetzung der Anforderungen betrauten Mitarbeiter („Pflege/Wartung") vor einer übermäßigen Zahl von Anforderungen seitens der Anwender.

7.2.1   Aufgaben und Ausgestaltung eines Anforderungsmanagements

Die Aufgaben können unter Berücksichtigung der zeitlichen Komponenten in die folgenden Bestandteile gegliedert werden:

- Umsetzung von **kurzfristigen** Verbesserungen („Quick Wins") oder Fehlerkorrekturen („Bug Fixes")

- Koordination und Steuerung von **mittelfristigen** Anforderungen und Zusammenfassung in geplanten Erweiterungsreleases

- Sicherstellung der Weiterentwicklung innerhalb einer **langfristigen** Entwicklungsstrategie

Kurzfristige Verbesserungen

Die Umsetzung von kurzfristigen Verbesserungen durch die Berücksichtigung von Feedback ist vor allem in der Anfangsphase von Bedeutung. Voraussetzung dafür ist eine regelmäßige und offene Kommunikation mit den Anwendern sowie die kontinuierliche Erfassung des Feedback. Über kurzfristig realisierbare Verbesserungsmaßnahmen muss gerade in der Anfangsphase rasch entschieden werden. Im Fall einer positiven Entscheidung sollte dann eine schnelle Umsetzung erfolgen, da so die Zufriedenheit der Anwender positiv beeinflusst werden kann. Kurzfristig nicht umsetzbare Anforderungen und Verbesserungsvorschläge werden, soweit möglich, in den mittelfristigen Erweiterungen berücksichtigt. Diese Entscheidung sollte den Anwendern entsprechend kommuniziert und erläutert werden. In diesem Zusammenhang ist es essentiell, dass die Prüfung durch das Anforderungsmanagement erfolgt. Das Anforderungsmanagement muss die fachliche Kompetenz besitzen, die Anforderungen zu bewerten und dann gegebenenfalls anzunehmen oder abzulehnen. Oftmals versuchen Anwender zu Beginn der Produktivphase aus Sicht der Gesamtstrategie sinnvolle, aber für interne Bereiche einschneidende Veränderungen zurückzudrehen. Dieses politische Kräftespiel kann durch ein starkes Anforderungsmanagement eingegrenzt werden.

Mittelfristige Erweiterungen

Die Steuerung und Koordination aller mittelfristigen Anforderungen bildet die Kernaufgabe des Anforderungsmanagements. Dies umfasst folgenden Aufgaben:

- Analyse, Klassifizierung und Bewertung der Anforderungen unter inhaltlichen, technischen und prozessbezogenen Gesichtspunkten

- Detaillierung der Anforderungen in einem Grob- und Feinkonzept

- Zusammenführung der einzelnen Änderungen zu geplanten Erweiterungsreleases (z.B. pro Quartal, pro Halbjahr)

- Vorbereitung und Herbeiführung der erforderlichen Entscheidungen

- Verfolgung der Umsetzung

- Koordination des Übergangs in den Produktivbetrieb

Abbildung 93 verdeutlicht das Aufgabenumfeld des Anforderungsmanagements anhand des Änderungsprozesses.

Anpassungen an die langfristige Entwicklungsstrategie

Die Aktivitäten des Anforderungsmanagements müssen sicherstellen, dass sich alle Weiterentwicklungen innerhalb einer langfristigen Entwicklungsstrategie bewegen. Die Strategie wird durch entsprechende Entscheidungsgremien festgelegt. Allerdings können die Anforderungen und deren Veränderung die langfristige Entwicklungsstrategie beeinflussen. Dabei werden Strategie wie Anforderungen nicht nur durch inhaltliche bzw. funktionale Gesichtspunkte bestimmt, sondern auch durch technische Veränderungen wie Releasewechsel im SAP System. Bei der Festlegung des Zeitpunktes für wesentliche funktionale Änderungen müssen geplante Releasewechsel berücksichtigt werden.

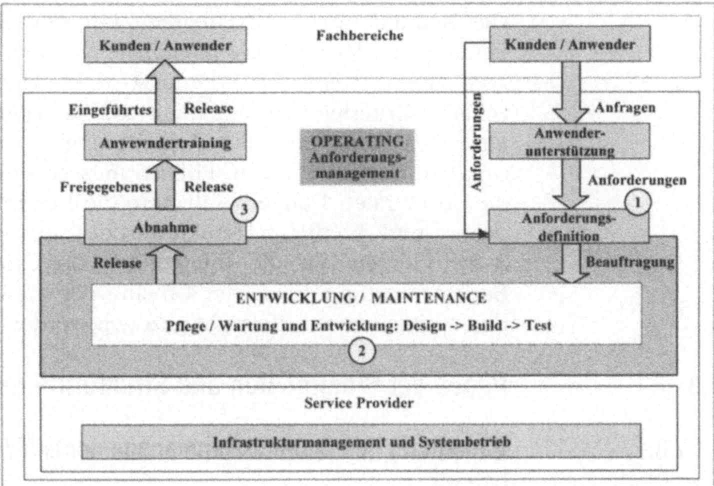

Abbildung 93: Aufgaben des Anforderungsmanagements im Änderungsprozess

7.2.2   Kriterien zur Beurteilung von Anforderungen

Zur Beurteilung von Anforderungen ist eine Vielzahl von inhaltlichen, technischen und prozessbezogenen Kriterien erforderlich. Diese ergeben sich aus der spezifischen Ausgestaltung des eReporting und der zugehörigen Verfahren. Insofern sind die im Folgenden genannten Kriterien als Beispiele zu verstehen und müssen dem jeweiligen Unternehmensumfeld angepasst werden. Die Beurteilung einer Anforderung sollte immer auf Basis einer Checkliste erfolgen, die folgende wesentliche Kriterien enthält:

- Übereinstimmung mit eReporting-Strategie

- Machbarkeit

- Wirtschaftlichkeit (Realisierungsaufwand im Vergleich zu Einspar- bzw. Verbesserungspotential und späterer Wartungsaufwand)

- Einfluss auf wichtige Prozesskennzahlen (z.B. Qualität und Einhaltung von Terminen)

- Risiken

- Vorgaben von Entscheidungsgremien (Entwicklungsstrategie)

Die Beurteilung der Machbarkeit erfordert die differenzierteste Betrachtung. Hierbei sind inhaltliche Kriterien (z.B. Verfügbarkeit von Daten), technische Kriterien (Umsetzbarkeit in SAP EC) und zeitliche Kriterien (Verfügbarkeit von Ressourcen, Projektplanungen, Gesamtumfang aller Anforderungen und deren Priorisierung) zu berücksichtigen. Ebenso müssen die Auswirkungen auf die dezentralen Konzerneinheiten, die Vereinbarkeit mit vorhandenen und künftigen Strukturen des Konzerndatenpools, die Auswirkungen auf die Integration von externer und interner Berichterstattung sowie der Umfang der notwendigen begleitenden Maßnahmen in Betracht gezogen werden.

7.3   Pflege der Stammdaten und Strukturinformationen

7.3.1   Bedeutung des Stammdatenmanagements für den Produktivbetrieb

Die Ausgestaltung der Stammdaten und Strukturen ist eine wesentliche Komponente beim Aufbau und Betreiben eines eReporting mit SAP EC. In den Stammdaten werden die Konzernstrukturen unter inhaltlichen und technischen Gesichtspunkten abgebildet. Zusätzlich sind sie die Basis für Rechen- und Verarbeitungslogiken sowie die hierarchisch angeordneten Erfassungs- und Reportingstrukturen.

Heterogenität der Stammdaten

Der Charakter der Stammdaten in SAP EC ist sehr heterogen. Stammdaten beinhalten sowohl die wesentlichen, mehr oder weniger statisch technischen Systemeinstellungen des Customizing als auch sich regelmäßig ändernde Stammdaten. Die Stammdatenpflege ist zugleich in die zeitkritischen Produktivabschlüsse eingebunden. Die große Anzahl von verschiedenen Stammdaten mit umfangreichen Einstellungen muss flexibel, aber dennoch sicher verwaltet werden.

Prinzipien der Stammdatenverwaltung

Für den gesamten eReporting-Prozess ist die Vollständigkeit und Richtigkeit der Stammdaten und Strukturen eine unabdingbare Voraussetzung. Daher ist die Pflege dieser Stammdaten und die Beherrschung von deren Änderungsmechanismen bzw. –prozessen von großer Bedeutung für das Operating. Für die Stammdatenverwaltung im eReporting gelten die im Folgenden dargestellten besonderen Prinzipien:

- Die Stammdatenpflege muss an die bestehenden Informationsquellen des Unternehmens angebunden sein. Das Wissen über bevorstehende und bereits durchgeführte Veränderun-

184

gen wird primär in den Fachbereichen zu finden sein und von diesen über verschiedene Kommunikationsformen (mündlich, schriftlich, elektronisch) kommuniziert.

- Weitestgehende technische Anbindung an bestehende Datenbanken unter Sicherstellung einer durchgängigen Datenkonsistenz

- Integration in einen regelmäßigen (monatlich/quartalsweise) Initialisierungsprozess zum Datenlauf

- Sicherstellung der notwendigen Qualität im Änderungsprozess

- Aufbau einer zentralen Ansprechstelle für Änderungen, Weiterentwicklungen und Anfragen zu Inhalt und Struktur der Stammdaten sowie zur technischen Implementierung in SAP

Abbildung unterschiedlicher Sichtweisen

Bei der Pflege der Stammdaten ist zu berücksichtigen, dass innerhalb des Konzerns verschiedene Sichtweisen dieser Stammdaten bestehen. Es gibt häufig keine „richtigen", sondern funktionsbezogene Sichtweisen. Da es zur Reduzierung des Abstimmungsaufwandes sinnvoll ist, möglichst wenige Strukturen zu verwenden, sollten unterschiedliche Sichtweisen möglichst in einer gemeinsamen Struktur zusammengeführt werden. Falls die verschiedenen Sichtweisen dies nicht erlauben, müssen parallele Strukturen aufgebaut werden. Zum Beispiel können der Gesellschaftsstruktur Gesellschaften in einem Fall nach Ländern geordnet werden, im anderen Fall nach Zugehörigkeit zu Teilkonzernen innerhalb des Gesamtkonzerns.

Zeitpunkt des Aufbaus der Stammdaten

Der erstmalige Aufbau der Stammdaten und Strukturen erfolgt in den Phasen Design und Build & Test des Entwicklungsprojektes. Die Übernahme in den laufenden Betrieb findet dann im Rahmen der Systemübergabe statt. Je nach Projektphase ergeben sich dabei unterschiedliche Schwerpunkte hinsichtlich inhaltlicher oder technischer Aktivitäten. Die inhaltliche Klärung der Strukturen mit den Fachbereichen, Gesellschaften und Teilkonzernen findet vor allem in der Design-Phase und dann wieder während des laufenden Betriebs statt.

Laufende Pflege der Stammdaten

Nach den letzten Anpassungen der Stammdaten vor und während des Übergangs in das Operating geht die Stammdatenpflege in den laufenden Betrieb über. Im Beispiel der Gesellschaftsstruktur beinhalten laufende Änderungen Zugänge und Abgänge von Gesellschaften sowie Änderungen im Konsolidierungskreis.

Diese drei Fälle sind in folgender Abbildung schematisch dargestellt.

Zugang einer Gesellschaft: Die entsprechenden Stammdaten
werden angelegt, die Gesellschaft in die Konsolidierungsstruktur
aufgenommen und an der entsprechenden Stelle erstkonsolidiert.

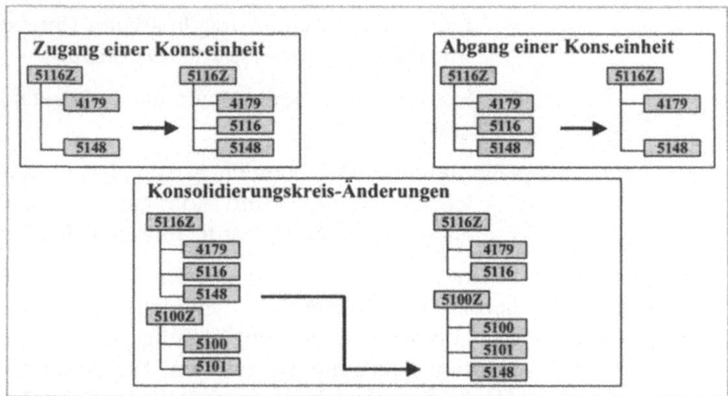

*Abbildung 94: Zugang, Abgang und Konsolidierungskreis-
Änderungen einer Gesellschaft*

Abgang einer Gesellschaft: Die Gesellschaft wird aus der Konsolidierungsstruktur entfernt, und dort erfolgt die Endkonsolidie-
rung. Eventuell wird die Gesellschaft auch in der Struktur
belassen, um Altdaten richtig darstellen zu können.

Konsolidierungskreis-Änderungen: Man bezeichnet damit
den Wechsel einer Gesellschaft von einem Konsolidierungskreis
in einen anderen. Sie stellt den kompliziertesten Fall der Gesell-
schaftsänderungen dar. Hierbei muss die Gesellschaft an alter
Stelle end- und an neuer Stelle erstkonsolidiert werden.

*Kommunika-
tion von Ände-
rungen*

Das primäre Ziel des Stammdatenmanagements ist die Sicherstellung der korrekten Stammdaten für das eReporting. Die verschiedenen Anwender (z.B. Gesellschaften, Fachbereiche und
Nutzer nachgelagerter Verfahren) müssen rechtzeitig und detailliert über alle Änderungen informiert werden.

7.3.2   Alternativen für die Stammdatenhaltung im eReporting

Prinzipiell können die erforderlichen Stammdaten direkt im SAP
System erfasst oder aber aus externen Datenquellen per Upload

in das System überführt werden. Im Einzelnen ergeben sich die in folgender Abbildung aufgeführten Möglichkeiten, wobei die Möglichkeiten 2 und 3 Varianten der externen Datenhaltung darstellen.

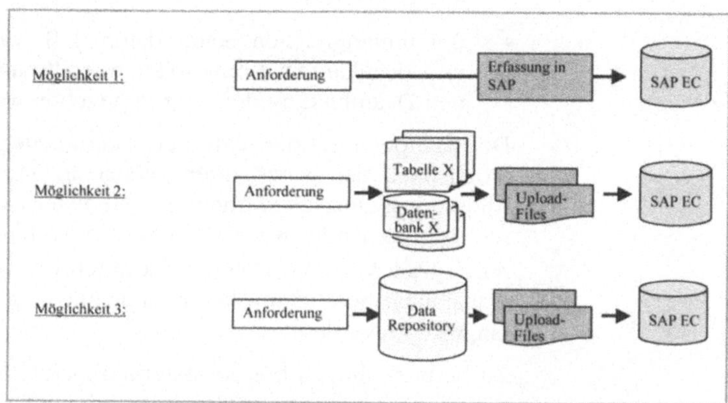

Abbildung 95: Alternativen für die Verwaltung und Erfassung der Stammdaten in SAP EC

Möglichkeit 1: Direkte Eingabe in das SAP System

Diese Möglichkeit ist flexibel und erfordert wenige Prozessschritte. Nachteilig sind mögliche Fehlerraten bei der manuellen Eingabe sowie die fehlende maschinelle Reproduzierbarkeit und Dokumentation der durchgeführten Änderungen.

Möglichkeit 2: Externe Datenhaltung in Datenbanken/Tabellen

Die externe Verwaltung erleichtert die Pflege der Daten. Die Erzeugung reproduzierbarer Strukturen im SAP System erfolgt über Upload-Dateien. Zudem können mit geringem Aufwand die Stammdaten weiterer SAP Systeme und anderer Verfahren konfiguriert sowie Information an Anwender weitergegeben werden.

Möglichkeit 3: Externe Datenhaltung in einem integrierten Data Repository

Bei dieser Möglichkeit existieren ähnliche Vorteile wie bei Möglichkeit 2. Zusätzlich können jedoch die Stammdaten untereinander vernetzt und somit wertvolle Zusatzinformation bereit gehalten werden. Außerdem wird die Vernetzung und Zusammenführung weiterer Datenbanken erleichtert.

Kriterien für die Festlegung der Art der Pflege

Bei der Entscheidung für eine der drei Möglichkeiten spielt die Komplexität der Stammdaten eine wichtige Rolle. Nach unseren Erfahrungen ist folgende Unterscheidung sinnvoll:

- Bei wenigen und einfachen Strukturen kann die Pflege direkt in SAP erfolgen.

- Bei umfangreichen Stammdaten, z.B. vielen Gesellschaften und detailliertem Kontenplänen, sollte tendenziell der externen Datenhaltung der Vorzug gegeben werden.

Der Hauptvorteil der externen Stammdatenverwaltung ist die Möglichkeit der „verzögerten" Pflege in SAP. Die eintreffenden Änderungswünsche können in den externen Datenbanken bereits berücksichtigt werden, ohne den laufenden Betrieb zu stören.[61] Kurz vor dem Datenlauf können die aufgebauten und auf Plausibilität getesteten Stammdaten mit geringem Risiko in SAP eingeladen werden.

Zu berücksichtigen bei der externen Datenhaltung ist der erhöhte Aufwand zum Aufbau der notwendigen Datenbanken.

Pflegeprozess externe Datenhaltung

Neben der technischen Abbildung der Stammdaten ist die Gestaltung des Pflegeprozesses von erheblicher Bedeutung. Viele Stammdatenänderungen müssen kurzfristig direkt vor oder im Abschlussprozess durchgeführt werden. Dennoch muss gewährleistet sein, dass diese Änderungen richtig und vollständig berücksichtigt werden können, ohne den vorhandenen Stand der Strukturen zu gefährden. Dabei muss der gesamte Prozess betrachtet werden. Das in Abbildung 96 gezeigte Beispiel behandelt die externe Datenhaltung in einem Data Repository.

---

[61] Dies ist der entscheidende Vorteil bei Fusionen, Unternehmensverkäufen (wie z.B. BMW und Rover) und Akquisitionen, bei denen eine Anpassung des Stammdatenbestandes schnell durchgeführt werden muss.

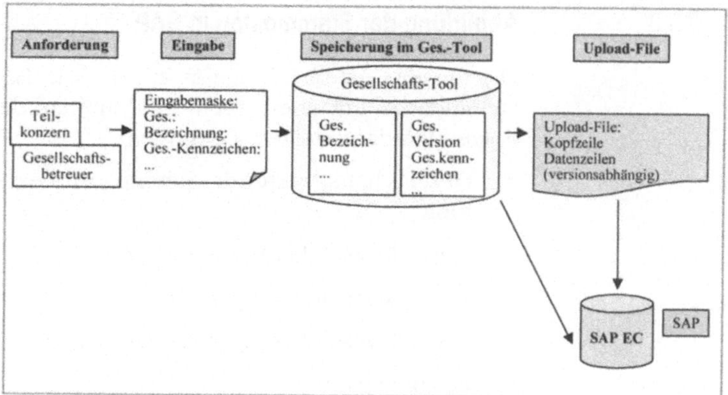

Abbildung 96: Pflegeprozess bei externer Datenhaltung in einem Data Repository

Der Prozess besteht aus folgenden Schritten:

Anforderung durch Fachbereich: Die Anforderung wird gestellt. Es sollte dabei eine strukturierte Vorlage verwendet werden, in dem alle zwingend benötigten Informationen eingetragen werden müssen. Die SAP-technischen Einstellungen lassen sich normalerweise aus den inhaltlichen Anforderungen ableiten; alternativ müssen diese mit abgefragt werden.

Eingabe in die externe Datenbank: Nach der Freigabe, gegebenenfalls auch nach Klärung und Freigabe der Anforderung wird die Änderung in dem verwendeten Data Repository erfasst.

Speicherung in der externen Datenbank: Die Speicherung und Verarbeitung im Data Repository sollte größtenteils automatisch erfolgen. Wichtig ist die Verfügbarkeit von Testmechanismen, um Fehler oder Unstimmigkeiten in den Stammdaten frühzeitig zu erkennen.

Generierung der Upload-Datei für SAP und Upload in SAP: Aus dem Data Repository können Upload-Dateien generiert werden, die zur Aktualisierung des SAP Systems verwendet werden.

Prüfung der Tabellenstruktur in SAP: Abschließend sollten die Strukturen in SAP gegen die in der Anforderung angegebenen Vorgaben geprüft werden.

7.3.3 Abbildung der Stammdaten in SAP

Die für eine externe Pflege in einem Data Repository relevanten Stammdaten umfassen nach Erfahrungen der Autoren die im Folgenden dargestellten Kategorien:

- Gesellschaftsstruktur der internen und externen Berichterstattung

  - Konsolidierungseinheiten
  - Konsolidierungskreise
  - Konsolidierungskreishierarchien

- Positionsplan

  - Positionen (Konten) und Hierarchien
  - Unterpositionen zur Abbildung, z.B. von Länderstrukturen, Bewegungskennziffern oder spezifischen Untergliederungen

- Definierbare Zusatzfelder, z.B. Geschäftsfeldstrukturen

- Zusatzinformationen, z.B. Verknüpfungen zwischen verschiedenen Stammdaten

- Währungskurse

7.4 Kennzahlentransparenz durch Balanced Scorecard und mCommerce

Die effiziente Steuerung des Operating erfordert ein kontinuierliches Controlling auf Basis von eindeutigen Messgrößen (Kennzahlen). Diese Kennzahlen sollen nicht nur den Beurteilungsmaßstab für den aktuellen Status bilden, sondern zugleich Verbesserungsmöglichkeiten aufzeigen. Weitere Aspekte sind die Gewährleistung von Transparenz im neuen Gesamtprozess und der „Effizienznachweis" des Process Owner.

Balanced Scorecard

Aufgrund des erheblichen Aufgabenumfangs ist für ein wirksames Controlling die Verwendung einer „Balanced Scorecard" für das Operating empfehlenswert. Die Verwendung einer Balanced Scorecard zeichnet ein umfassendes Bild aller Faktoren, die für ein erfolgreiches Operating relevant sind.

Grundprinzip einer Balanced Scorecard ist die Kombination und Gewichtung verschiedener Kennzahlen. Die Balanced Scorecard eines Gesamtunternehmens kombiniert finanzielle und quantitative Kennzahlen mit qualitativen Größen wie Kundenzufriedenheit, Mitarbeitermotivation und Innovationsstärke.

Anpassung der Balanced Scorecard

Für das Operating muss eine Anpassung der klassischen Größen einer Balanced Scorecard auf die spezifischen Größen im Operating erfolgen. Die Sollwerte der Kennzahlen werden aus den definierten Serviceleistungen und Servicegraden des Process Owner hergeleitet.

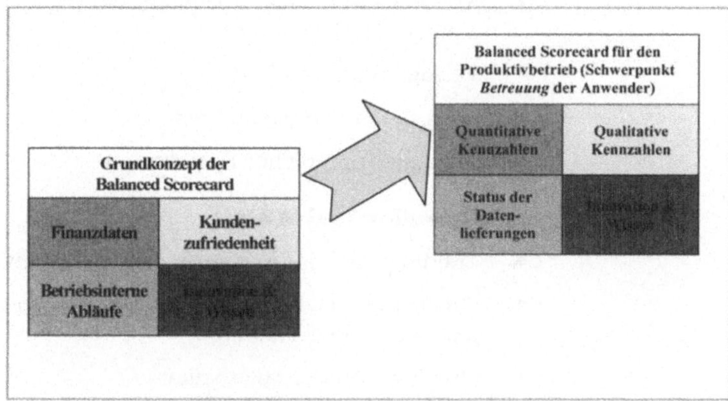

Abbildung 97: Balanced Scorecard für Operating

Im Folgenden werden Messgrößen bzw. Kennzahlen für das Operating beispielhaft aufgeführt. Der Schwerpunkt dieser Kennzahlen liegt dabei in der Betreuung der Anwender und dem Management des eReporting-Prozesses. In Abhängigkeit der definierten Service-Leistungen und Servicegrade muss eine unternehmensspezifische Definition dieser Kennzahlen erfolgen.

Beispiel für Kennzahlen

1. Quantitative Kennzahlen:

- Anzahl der Anfragen an die Anwenderbetreuung (telefonisch, eMail, schriftlich)

- Anzahl der bearbeiteten Anfragen

- Nicht beantwortete Anfragen

- Antwortzeit (durchschnittliche Zeit für die Beantwortung von Anfragen)

- Servicegrad (Quote der angenommenen Anfragen innerhalb einer bestimmten Zeit)

- Anzahl der ungelösten Anfragen

- Kosten pro Anfrage

2. Qualitative Kennzahlen:

- Prozentsatz der Anfragen, die innerhalb der vorgegebenen Bearbeitungszeit beantwortet werden. Die „Sollzeit" ist dabei abhängig von der Priorität der Anfrage.

- Prozentsatz der beim ersten Kontakt beantworteten Anfragen

- Kundenzufriedenheit (Schnelligkeit, Fachkompetenz, Freundlichkeit, Erreichbarkeit)

- Verfügbarkeit des SAP Systems

- Anzahl von Fehlbuchungen

- Anzahl erforderlicher Korrekturen

3. Innovation und Wissen

- Trainingsumfang (je Mitarbeiter pro Monat)

- Qualität der Trainingsmaßnahmen (Auswertung des Feedback nach dem Training)

- Qualifikation der Mitarbeiter

- Leistungsbeurteilung der Mitarbeiter

- Anzahl der Verbesserungsvorschläge

4. Status, Termineinhaltung und Qualität der Datenläufe

Wichtigste Aufgabe (Kernkompetenz) des Process Owner ist die Beherrschung des eReporting-Prozesses. Somit muss innerhalb der einzelnen Abschlüsse zu jeder Zeit eine zeitnahe Information bezüglich Status, Termineinhaltung, Vollständigkeit und Qualität des jeweiligen Datenlaufs verfügbar sein. Die Verfügbarkeit dieser Informationen ist Voraussetzung für Kontrolle und Steuerung des Gesamtprozesses.

Zur Darstellung dieser Informationen ist die Gegenüberstellung von Soll und Ist für die Haupttermine des jeweiligen Datenlaufs am geeignetsten. So kann pro Termin einfach ermittelt werden, welche Prozessbeteiligten „ihre" Aufgaben erfüllt haben. Im Folgenden ist ein Beispiel für einen Statusreport beigefügt:

Status Quartalslauf Q1/01 - Datenlieferung Gesellschaften Solltermin: xx.xx.01 - 12:00 Uhr CET	GESELLSCHAFTEN		
	FERTIG	IN ARBEIT/ INITIAL	SOLL
Teilkonzerne	206	6	212
Teilkonzern 1	118	0	118
Teilkonzern 2	50	0	50
Teilkonzern 3	0	1	1
Teilkonzern 4	38	5	43
Auslandsgesellschaften	326	11	337
Asien	76	0	76
Europa / Übrige	127	3	130
Amerika	72	8	80
Zentrale Gesellschaften A|	51	0	51
Inlandsgesellschaften	153	6	159
Deutschland	112	2	114
Zentrale Gesellschaften In|	41	4	45
GESAMT	**685**	**23**	**708**

Abbildung 98: Beispiel Statusreport Datenlauf

Reportingtools

Die Verwendung der Kennzahlen zur Steuerung der Aktivitäten im Operating setzt neben ihrer laufenden Erhebung auch ein zielgruppengerechtes Auswerten mit geeigneten Tools voraus. Jeder Prozessbeteiligte muss „seine" Kennzahlen laufend abrufen können, da er diese nur so auch verbessern kann. Neben den traditionellen Medien für die Auswertung der Kennzahlen stehen sowohl Internet/Intranet als auch mCommerce Tools zur Verfügung. Abbildung 99 stellt die verfügbaren Technologien der potenziellen Zielgruppen gegenüber.

Nutzung mCommerce

Mit Hilfe der Balanced Scorecard ist ein ausgewogenes Controlling des eReporting-Prozesses möglich. Für die Bereitstellung der wichtigsten Kennzahlen auf der Ebene des Managements ist die Nutzung von mCommerce sinnvoll. Die Nutzung dieses Mediums erlaubt ein orts- und zeitunabhängiges Abfragen der Kennzahlen (Online-Zugriff) mittels eines WAP-fähigen Mobiltelefons. Alle Standardinformationen der Balanced Scorecard sowie weitere Informationen können integriert und über mCommerce bereitgestellt werden. Der Process Owner erhält, wie eingangs gefordert, mit der Abbildung der Balanced Scorecard via mCommerce ein Instrument, mit dem er orts- und zeitunabhängig eine Prozesstransparenz über den gesamten, komplexen eReporting-Prozess erhält.

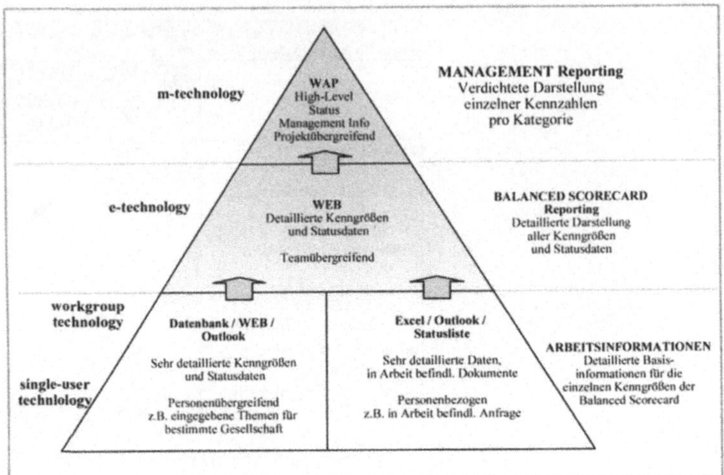

Abbildung 99: Zielgruppenspezifische Tools im Reporting

8 Ausblick

Dieses Buch widmet sich wesentlichen Herausforderungen des modernen Finanzwesens. Die zunehmende Globalisierung der Finanzmärkte und eine damit verbundene, gestiegene Erwartungshaltung an die Bereitstellung von Finanzinformation für Investoren, Analysten und Markbeobachtern erfordert ein grundsätzliches Überdenken der traditionellen internen Unternehmensstrukturen. Aus diesem Sachzwang ergeben sich erhebliche Möglichkeiten zur verbesserten Prozess- und Organisationsgestaltung. So beschreibt das vorliegende Buch eine stufenweise Migration von typischerweise isolierten Geschäftsprozessen der internen und externen Berichterstattung zu eReporting unter der Verwendung von SAP EC im Rahmen einer modernen, unternehmensweiten e-Architektur. Entsprechend der notwendigen, ganzheitlichen Betrachtungsweise wird mit der Integration Roadmap ein systematisierter Leitfaden für die betriebliche Praxis präsentiert. Die in den weiteren Kapiteln besprochene Vorgehensweise stützt sich auf konkrete Projekterfahrungen wie die erfolgreiche Umsetzung einer Integration im Rahmen der derzeit weltweit größten SAP EC-CS Anwendung[62] bei einem globalen agierenden Unternehmen mit über 2.500 unmittelbaren Fachanwendern.

Positionierung in der Integration Roadmap

Entsprechend ihrer Erfahrung aus langjähriger Beratungspraxis vermuten die Autoren, dass die meisten Unternehmen des kontinentalen Modells auf Stufe 2 bzw. 3 der Integration Roadmap positioniert sind. Diese Vermutung wird auch durch eine noch nicht veröffentliche Accenture Studie belegt.[63]

---

[62] Bezogen auf die Zahl der dezentralen Anwender.

[63] Accenture (2001).

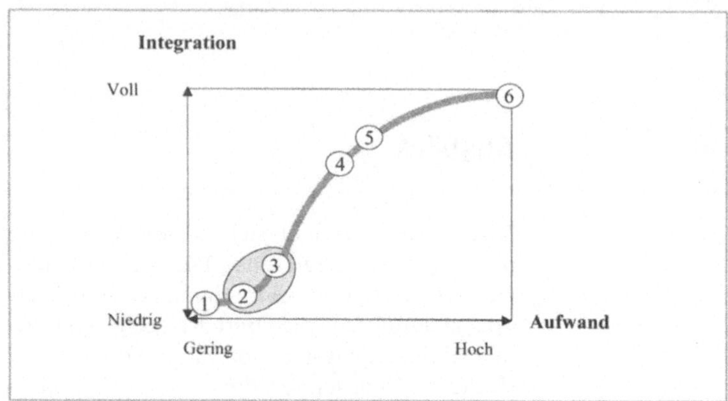

Abbildung 100: Mehrheitliche Positionierung von Unternehmen entsprechend dem kontinentalen Modell

Mit der Harmonisierung der internen und externen Berichterstattung haben die meisten Unternehmen des kontinentalen Modells die ersten Schritte zur Integration bereits unternommen. Die notwendige und wesentliche Transformation zum eReporting steht diesen Unternehmen jedoch noch bevor.

Von Harmonisierung zur Integration
Für die stufenweise Migration zur Integration empfiehlt sich eine ganzheitliche Vorgehensweise, d.h. eine in sich abgestimmte Konzeption und Umsetzung von Geschäftsprozessen, Aufbauorganisation und IT-Verfahrenslandschaft. Damit nimmt die Formulierung der IT-Strategie und die nachfolgende Entscheidung für eine Verfahrenslandschaft eine zentrale Rolle ein. Im Rahmen der vorgestellten SAP Verfahrenslandschaft möchten sich die Autoren in der weiteren Diskussion auf die Eingliederung der hier beschriebenen SAP EC-CS/EIS Verfahrenslandschaft in die weitere SAP Entwicklungsrichtung konzentrieren. In Anbetracht der derzeitigen seitens des Herstellers SAP angekündigten Produktverfügbarkeit bieten sich drei mögliche strategische Vorgehensweisen:

- SAP EC-CS und SAP EIS (wie beschrieben)

- SAP EC-CS in der Kombination mit BW

- SAP SEM-BCS und BW

Exkurs SAP SEM
Als Weiterführung des besprochenen SAP EC entwickelt SAP nun das SEM – Strategic Enterprise Management – als eine umfassende Lösung zur Unterstützung der Unternehmensführung.

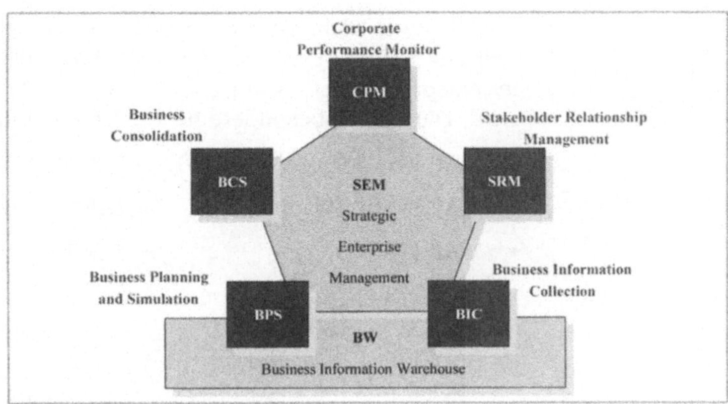

Abbildung 101: SAP SEM

Der Lösungsansatz SAP SEM gliedert sich in fünf Komponenten, die jeweils umfassend einen Geschäftsprozess der Unternehmensführung unterstützen:

- **Business Information Collection (BIC)**
  verfügt über Funktionen zur Definition von Datenstrukturen und zur Steuerung des Informationsflusses, ebenso zur Beschaffung von strukturierter und nicht-strukturierter Information (sowohl unternehmensintern als auch extern).

- **Business Planning and Simulation (BPS)**
  deckt den Planungsprozess und die Erfassung und Bearbeitung von Plandaten in Form von Simulationen ab.

- **Business Consolidation (BCS)**
  stellt Funktionen für die interne Berichterstattung und den externen Abschluss bereit.

- **Corporate Performance Monitor (CPM)**
  beinhaltet Funktionen zur Auswertung und Darstellung betriebswirtschaftlicher Zusammenhänge sowie Darstellung einer Balance Scorecard.

- **Stakeholder Relationship Management (SRM)**
  erleichtert den Informationsaustausch mit allen Interessengruppen eines Unternehmens.

Mit der umfassenden Unterstützung der Kernprozesse für die Unternehmensführung erscheint SAP SEM zur Umsetzung des effizienten eReporting langfristig in ausgezeichneter Weise geeignet.

*Überleitung
SAP EC in
SAP SEM*

Aus heutiger Sicht ist anzunehmen, dass sich ein wesentlicher Teil der SAP EC Funktionalität und ihrer Lösungselemente auch in entsprechenden Komponenten von SAP SEM wiederfinden wird. Dies gilt insbesondere für die Überleitung von:

- SAP EC-CS (Consolidation)   in SAP SEM BCS

- SAP EC-BP (Planning)   in SAP SEM BPS

- SAP EC-EIS   in SAP BW

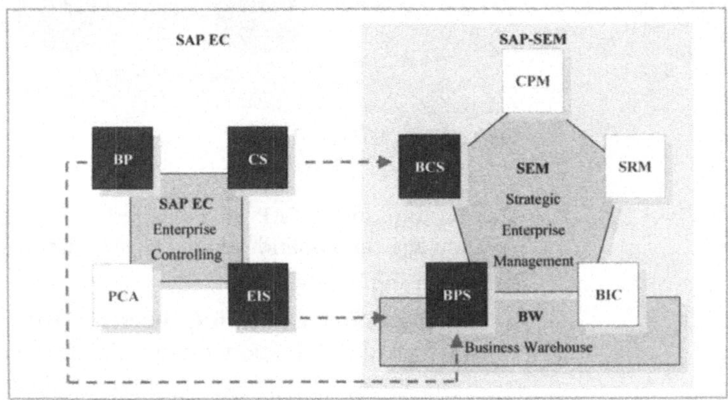

Abbildung 102: Überleitung von SAP EC in SAP SEM

Somit ist auch aus Sicht einer strategischen Vorgehensweise in Bezug auf die IT-Verfahrenslandschaft die unmittelbare Voraussetzung gegeben, die weitere Transformation zu eReporting zu gestalten. In Zusammenhang mit dieser langfristigen Strategie kann die Auswahl von SAP EC-CS als ein robuster Schritt angesehen werden.

*SAP EC-EIS
und SAP BW*

Das verfügbare SAP BW „Business Information Warehouse" bietet erheblich erweiterte Funktionalität bezüglich Datenanalyse und -auswertung als das SAP EC-EIS. Im weiteren verspricht das BW aufgrund seiner moderneren Architektur und des zugrunde liegenden Datenmodells eine höhere Fähigkeit zur Anbindung von Vorsystemen und Verbesserungen im Antwortzeitverhalten. Mit der Etablierung des Produkts SAP BW im Markt wird sich die Produktentwicklung bei SAP von EC-EIS auf BW verschieben. Falls in einem Unternehmen SAP BW für andere funktionale Aspekte bereits im Einsatz ist (z.B. für Logistik- oder Produktionsreporting) bietet sich eine Verwendung von BW anstelle von

EIS an. Ob SAP BW allerdings generell anstelle von EC-EIS für eReporting eingesetzt werden kann, erfordert eine sorgfältige Beurteilung. Hier sind spezifische Anforderungen an die Funktionalität wie die Stabilität der BW Version zu berücksichtigen.

- **Funktionalität**
  Im Einzelnen muss für jede Anforderung geprüft werden, ob SAP BW die notwendige Funktionalität, auch im Detail, bereitstellt. Beispielsweise besteht im EC-EIS eine elegante Möglichkeit, direkt auf die Stammdaten des SAP EC-CS zu referenzieren und damit eine redundante Datenhaltung in mehreren IT-Verfahren zu vermeiden.

- **Stabilität**
  Da SAP BW ein relativ junges Produkt auf dem Markt ist, bestehen naturgemäß weniger Praxiserfahrungen hinsichtlich Stabilität und Performanz als im bewährten R/3-Modul SAP EC-EIS.

Ausblick Verfahrenslandschaft

Als Bestandteil der IT-Strategie empfiehlt sich die Formulierung einer „Verfahrens-Roadmap". Darin werden zu Beginn der eReporting-Transformation sowohl die IT-Komponenten als auch Kriterien und Zeitpunkte des Wechsels zur jeweils nächsten Version festgelegt. Dies geschieht in enger Abstimmung zur tatsächlichen Verfügbarkeit und Praxisbewährung der hier diskutierten SAP Standardprodukte.

Abbildung 103 zeigt in schematischer Darstellung drei mögliche Ausprägungen einer „Verfahrens-Roadmap", die sich im Wesentlichen hinsichtlich des Zeitpunkts der Nutzung von SAP BW bzw. SAP SEM für eReporting unterscheiden:

- SAP SEM so früh wie möglich

- SAP SEM erst mit Verfügbarkeit von BCS

- SAP SEM / SAP BW erst mit vollständiger Verfügbarkeit

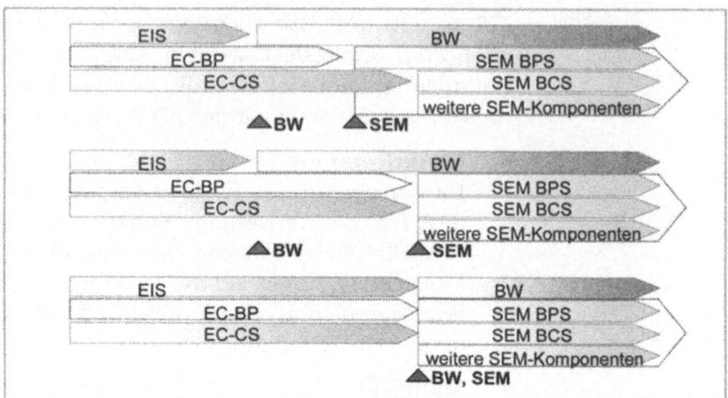

Abbildung 103: Verfahrens-Roadmap mit Festlegung der Meilensteine

Allen Szenarien liegt zugrunde, dass aus heutiger Sicht die Nutzung von SAP EC-CS einen robusten Schritt darstellt. Es können somit auch aus Sicht der verfügbaren Verfahrenslandschaft keine Hemmnisse für den unmittelbaren Aufbau von effizientem eReporting begründet werden.

Effizientes eReporting

Unternehmen erkennen zunehmend die Notwendigkeit, sich den internationalen Finanzmärkten zu öffnen. Sie sehen auch die Chance zur Vereinfachung interner Abläufe und die daraus entstehenden Rationalisierungspotentiale. Effizientes eReporting stellt sich als eine wesentliche Komponente der „Exzellenz im Finanzwesen" dar, mit deren Umsetzung unmittelbar und entsprechend einer ganzheitlichen Vorgehensweise begonnen werden muss.

Anhang

Offenlegung des Abschlusses

Folgende Tabelle zeigt die Dauer bis zur Offenlegung des Abschlusses von ausgewählten Unternehmen, die im Dow Jones notiert bzw. im DAX aufgenommen sind.

Firmenname	Börse	Ende des Kalenderjahres	Veröffentlichung des Abschlusses	Arbeitstage
General Electric	NYSE	31. Dez 99	20. Jan 00	U+12
Lucent Tech.	NYSE	30. Sep 00	25. Okt 00	U+17
Wal-Mart Stores	NYSE	31. Jan 99	15. Feb 00	U+11
Coca Cola	NYSE	31. Dez 99	26. Jan 00	U+18
America Online	NYSE	30. Jun 00	20. Jul 00	U+13
AT&T Corp.	NYSE	31. Dez 99	25. Jan 00	U+17
General Motors	NYSE	31. Dez 99	20. Jan 00	U+12
Hewlett Packard	NYSE	31. Okt 00	13. Nov 00	U+07
Phillip Morris	NYSE	31. Dez 99	17. Jan 00	U+10
Procter&Gamble	NYSE	31. Dez 99	18. Jan 00	U+10
Durchschnitt				*U+13*
BASF	DAX	31. Dez 00	14. Mrz 01	U+49
Bayer	DAX	31. Dez 00	15. Mrz 01	U+50
Daimler-Chrysler	DAX	31. Dez 99	24. Feb 00	U+38
Deutsche Bank	DAX	31. Dez 00	29. Mrz 01	U+59
Henkel	DAX	31. Dez 99	22. Mrz 00	U+54
Linde	DAX	31. Dez 99	29. Feb 00	U+42
Schering	DAX	31. Dez 99	20. Mrz 00	U+52
Durchschnitt				*U+49*

Abbildung 104: Offenlegung des Abschlusses

9.2   Deutsche Unternehmen an der NYSE

An der New York Stock Exchange sind folgende deutsche Unternehmen notiert (Stand: November 2000):

Unternehmen	Notierung an der NYSE seit	Rechnungslegung
Allianz AG	3.11.2000	IAS
BASF AG	7.6.2000	US-GAAP
Celanese AG	25.10.1999	US-GAAP
Daimler Chrysler AG	17.11.1998	US-GAAP
Deutsche Telekom AG	18.11.1996	US-GAAP
E.ON AG	8.10.1997	US-GAAP
EPCOS AG	15.10.1999	US-GAAP
Fresenius Medical Care AG	17.9.1996	US-GAAP
Infineon Technologies AG	14.3.2000	US-GAAP
Pfeiffer Vacuum Technology AG	16.7.1996	US-GAAP
SAP AG	3.8.1998	US-GAAP
Schering AG	12.10.2000	IAS
SGL CARBON AG	5.6.1996	US-GAAP

Abbildung 105: Deutsche Unternehmen an der NYSE

Softwareauswahl

Abbildung 106 zeigt beispielhaft einen aggregierten Kriterienkatalog für eine eReporting-Softwareauswahl:

Kategorie	Kriterien
Technische Anforderungen	• Architektur
	• Hardwareanforderungen
	• Systemsoftware/Softwareanforderung
	• Effizienz (Laufzeitverhalten, Speicherbedarf) und Performance
	• Mehrbenutzerunterstützung
	• Security
	• Systemadministration
	• Entwicklung
	• Entwicklungsunterstützung und Training
	• Datenbank Technologie
	• Datenbank Handling
	• Dateneinlesen
	• Desktopintegration
	• Webfähigkeit
	• Definition Mengengerüst
Inhaltliche Anforderungen	• Datenversorgung
	• Verdichtung/Konsolidierung
	• Datenübertragung
	• Reporting
	• Funktionen zur Planung und Prognose
Anwender Anforderungen	• Bedienung
	• Benutzerfreundlichkeit
	• Sprache
Allgemein	• Referenzen
	• Kosten
	• Lizenzen

Abbildung 106: Beispiel eines Kriterienkatalogs für die Softwareauswahl

Abbildungsverzeichnis

Abkürzungsverzeichnis

ABAP	Advanced Business Application Programming
BCS	Business Consolidation
BPS	Business Planning and Consolidation
BW	Business Information Warehouse
CPM	Corporate Performance Monitor
CVA	Cash Value Added
DAX	Deutscher Aktienindex
EC	Enterprise Consolidation
BP	Business Planning
CS	Consolidation
EIS	Executive Information System
PCA	Profit Center Accounting
EVA	Economic Value Added
GUI	Graphical User Interface
HGB	Handelsgesetzbuch
IAS	International Accounting Standards
M&A	Merger & Acquisition
NASDAQ	National Association of Securities Dealers Automated Quotations
NYSE	New York Stock Exchange
OLAP	Online-Analytical-Processing
SEC	Securities and Exchange Commission
US-GAAP	US Generally Accepted Accounting Standards

Glossar

ABAP	Advanced Business Application Programming ist eine Programmiersprache, die SAP zur Entwicklung von Anwendungsprogrammen entwickelt hat.
Ad hoc-Berichte	Form des Berichttyps zur Ausgabe verarbeiteter Daten in SAP, der nicht auf einem Formular basiert. Ad hoc-Berichte werden häufig eingesetzt, um ausgewählte betriebswirtschaftliche Effekte im Datenbestand „ad hoc" zu analysieren.
Aktives Excel	SAP-Produkt basiert auf MS Excel zur flexiblen Onlinedarstellung der SAP-Daten in Excel. Der Anwender kann selbst Berichte in Excel aufbauen und seine Auswertungen durchführen.
Applikation	DV-technische Anwendung oder Anwendungsprogramm zur Lösung kundenspezifischer Anforderungen.
Applikationslogistik	Bereitstellung, Verteilung und Installation von Applikationen; in diesem Buch ist hiermit die Logistik von Erfassungsapplikationen für die interne und externe Berichterstattung gemeint, die typischerweise von der Konzernzentrale definiert und dann an die dezentralen Konzerneinheiten verteilt wird. Diese müssen anschließend die Applikationen dezentral installieren.
Applikationsserver	Damit eine hohe Anzahl von Anwendern auf ein SAP System zugreifen kann, besteht die Möglichkeit, ein SAP System auf mehreren Servern zu betreiben. Dabei unterscheidet man den Datenbankserver, auf dem die Datenbank und damit die Datenhaltung betrieben wird, und die Applikationsserver, auf denen die Applikation läuft.
Arbeitsgebiet	Gliederungseinheit eines Konzerns innerhalb der Segmentstruktur.
Aspekt	Bezeichnung für eine Datenbanktabelle im Modul EC-EIS (Executive Information System). Über Aspekte sollten die Daten eines abgeschlossenen betriebswirtschaftlichen Teilbereiches (z.B. Bilanz oder Gewinn- und Verlustrechnung) getrennt werden.
BCS	Business Consolidation; Konsolidierungsmodul des SAP Produkts SEM.
BPS	Business Planning and Consolidation; Planungsmodul des SAP Produkts SEM.

BW	Business Information Warehouse; Data Warehouse-Produkt von SAP.
Basiskennzahl	Zu berichtende Größe, die in einem numerischen Wertfeld einer Datenbanktabelle gespeichert ist. Basiskennzahlen können auch in Rechenvorschriften oder in Formeln innerhalb des Berichts verwendet werden.
CPM	Corporate Performance Monitor; Modul zur Darstellung einer Balanced Scorecard in SEM.
Customizing	Verfahren zum Einrichten einer Standard-Software auf die spezifischen Anforderungen.
CVA	Cash Value Added; Performancegröße zur Messung des Unternehmenswertes.
Datenlogistik	Bereitstellung, Transport und Laden von Datenpaketen; in diesem Buch ist hiermit die Logistik der Daten der dezentralen Erfassungsapplikationen an die übergeordneten Konzerneinheiten (z.B. Geschäftsfeld oder Teilkonzern) bis hin zur Konzernzentrale gemeint. Typischerweise müssen die Daten aus den dezentralen Erfassungsapplikationen entladen und an den Empfänger via E-Mail gesendet werden. Der Empfänger wiederum muss die Daten in seine Applikation einladen.
Datenmonitor	Prozessorientierte, visuelle Darstellung der Verarbeitungsschritte bei der Übertragung von Einzelabschlussdaten in das Konsolidierungssystem (EC-CS).
EC	Die Komponente EC (Enterprise Consolidation) unterstützt mit seinen vier Modulen (BP, CS, EIS, PCA) ein modernes Konzern-Controlling.
EC-BP	Das Modul EC-BP (Business Planning) dient der Erstellung einer konzernweiten Unternehmensplanung.
EC-CS	Kurzbezeichnung für das Konsolidierungsmodul Consolidation von SAP innerhalb der Komponente Enterprise-Controlling (EC).
EC-EIS	Kurzbezeichnung für das Führungsinformationssystem Executive Information System. Das EC-EIS ist ein Modul der SAP-Komponente Enterprise-Controlling (EC).
ECMCA	Einzelpostentabelle; Tabelle, in der die Buchungsbelege im EC-CS gespeichert werden.
ECMCT	Summentabelle; Tabelle, in der alle Bewegungsdaten im EC-CS gespeichert werden.

EC-PCA	Kurzbezeichnung für das Modul Profit Center Accounting. Es ist Bestandteil der SAP-Komponente Enterprise-Controlling (EC) und dient zur Ermittlung des Betriebsergebnisses unternehmensinterner Einheiten, z.B. Profit Center.
eReporting	*Siehe* Effizientes eReporting.
Effizientes Reporting	Berichterstattung unter der Voraussetzung einer Integration der traditionellen externen Rechnungslegung und des internen Berichtswesens zu Reporting.
Effizientes eReporting	Berichterstattung unter der Voraussetzung einer Integration der traditionellen externen Rechnungslegung und des internen Berichtswesens zu Reporting mit einer „e"-Architektur eines globalen Informationssystems, das einen gemeinsamen Konzerndatenpool aufweist und auf ein Internet/Intranet Backbone gestützt ist.
Erfassungslayout	SAP spezifische Bezeichnung von Erfassungsmasken für die manuelle Erfassung bzw. Korrektur von Daten im EC-CS.
ESPRIT	Projektbezeichnung für das derzeit weltweit größte SAP EC-CS Projekt (bezogen auf die Zahl der dezentralen Anwender).
EVA®	Economic Value Added; Performancegröße zur Messung des Unternehmenswertes.
Formularberichte	Berichtstyp zur Ausgabe von im EC-CS oder EC-EIS gespeicherter Daten. Der Aufbau eines solchen Berichtes basiert auf einer komplexen formatierten Liste (Formular).
Ganzheitlicher Ansatz	Transformation bei der ausgehend von der strategischen Vorgabe die Prozesse, Organisation und Technologie gleichzeitig angepasst werden.
Geschäftsfeld	Gliederungseinheit eines Konzerns innerhalb der Segmentstruktur.
Globale Parameter	Mit den globalen Parametern werden grundlegende Einstellungen der Arbeitsumgebung im SAP getroffen. Im EC-CS und EC-EIS gehören dazu Einstellungen zu Sicht, Version, Ledger, Positionsplan, Geschäftsjahr und Periode.
GUI	Graphische Benutzeroberfläche (Graphical User Interface).
HGB	Abkürzung für Handelsgesetzbuch; Das deutsche Handelsgesetzbuch beinhaltet die bilanzrechtlichen Grundlagen für die Erstellung eines Konzernabschlusses.

Harmonisierung   Der enge inhaltliche Abgleich durch Mitführen von Konsolidierungsinformationen in der internen Berichterstattung identischer oder exakt überleitbarer Positionen der internen und externen Berichterstattung führt zum Schließen der Informationslücke. Harmonisierung ist ein Element der Integration.

Host   Rechner, die Internetdienste bereitstellen.

IAS   Die International Accounting Standards (IAS) stellen einen internationalen Rechnungslegungsstandard dar, sie werden vom International Accounting Standards Committee (IASC) herausgegeben.

Integration   Zusammenführung von interner und externer Berichterstattung bei gleichzeitiger und ganzheitlicher Abstimmung von Prozessen, Verfahren und Organisation.

Konsolidierungskreis   Eine Konsolidierungskreis ist eine Zusammenfassung von Konsolidierungseinheiten für Zwecke der Konsolidierung und des Reporting.

Konsolidierungsmonitor   Visuelle Darstellung der einzelnen Verarbeitungsschritte (Maßnahmen) bei der Konsolidierung im EC-CS. Die Reihenfolge der Maßnahmen im Konsolidierungsmonitor kann vollständig benutzerdefiniert festgelegt werden.

Kontierungsebene   Konsolidierung (EC-CS): Über Kontierungsebenen können verschiedene Buchungen unterschieden werden (z.B. Anpassungsbuchungen, Eliminierungsbuchungen, Konsolidierungsbuchungen); Kontierungstypen bezeichnen auch die Veredelungsstufen im Konsolidierungsprozess.

Kontierungstyp   Konsolidierung (EC-CS): Spezifizierung der Zusatzkontierungen, die zur Durchführung der Konsolidierungsmaßnahmen notwendig sind; der Kontierungstyp legt für jede Position fest, welche Zusatzkontierungen durchgeführt werden (z.B. Bewegungskennziffer, Partnerkodierung).

Konzerndatenpool   Der Konzerndatenpool beinhaltet alle zur Eingabe, Verarbeitung und Auswertung der internen und externen Berichterstattung erforderlichen Komponenten.

Ledger   Kriterien zur Kategorisierung von Daten und Strukturen in EC-CS. Im Unterschied zur Version dient der Ledger zur Festlegung der Konzernwährung. Werden beispielsweise Konsolidierungen in zwei verschiedenen Währungen durchgeführt, benötigt man zwei verschiedene Ledger.

Maßnahme	Maßnahmen visualisieren die einzelnen Verarbeitungsschritte beim Datenlauf im Daten- und Konsolidierungsmonitor. Neben den vom System vorgegebenen Maßnahmen (z.B. Validierungen) können weitere, benutzerspezifische Maßnahmen definiert werden.
Meldedaten	Daten, die von den Konsolidierungseinheiten an das Konsolidierungssystem für die Durchführung der Konsolidierung übergeben werden. Dabei kann es sich sowohl um Einzelabschlussdaten handeln als auch um Daten für die Durchführung von Konsolidierungsvorgängen wie beispielsweise Vorgänge der Kapitalkonsolidierung oder der Zwischenergebniseliminierung.
Meldekategorie	Über Meldekategorien können die verschiedenen Anforderungen an Detaillierungsgrad und Gegenstand der Erfassung gruppiert werden. Meldekategorien werden daher den Konsolidierungseinheiten und gegebenenfalls Konsolidierungskreise in deren Stammdaten zugeordnet.
Merger & Acquisitions	Zusammenschluss und Erwerb von Unternehmen oder Unternehmensteilen.
Merkmal	Ordnungsbegriff zur Strukturierung von Daten wie z.B. Produkt, Kundengruppe, Geschäftsjahr, Periode oder Region. Merkmale geben Klassifizierungsmöglichkeiten des Datenbestands vor und sind daher v.a. bei der Datenrecherche von großer Bedeutung.
NASDAQ	Abkürzung für National Association of Securities Dealers Automated Quotation System; Börse in New York, an der überwiegend Technologieunternehmen notiert sind.
New Economy	Neue Ökonomie (auch: digitale Ökonomie, Netzwerkökonomie, Internet-Ökonomie, etc.); Marktmodell, bei dem spezielle Eigenschaften digitalisierter Güter eine Schlüsselrolle spielen.
NYSE	Abkürzung für New York Stock Exchange; die New York Stock Exchange ist die derzeit bedeutendste Aktienbörse der Welt.
OLAP	Online-Analytical-Processing (OLAP) soll einer großen Anwenderzahl einen schnellen, direkten und interaktive Zugriff auf analysegerechte Datenbestände ermöglichen. Dabei werden die abgebildeten Datenbereiche als „Würfel" modelliert, wobei jeder Würfel aus mehreren Dimensionen besteht (z.B. Kostenstellen, Produktionsprogramm, Kundenbestand, Zeiteinheiten). Aus diesem „Würfel" können nun Informationen unterschiedlich miteinander kombiniert werden.
On-the-fly-	Berechungen, die erst bei Aufruf eines Berichtes durchgeführt

Berechnung	werden. Bei einer On-the-fly-Berechnung werden Inkonsistenzen zwischen berechneten und gespeicherten Daten vermieden, da für die Berechnung immer auf den aktuellen Datenbestand zugegriffen wird. Komplexe Berechnungen können sich jedoch nachteilig auf die Performance des Systems auswirken.
Position	Die zentralen Kontierungseinheiten der externen und internen Berichterstattung werden als Positionen bezeichnet und in Form eines Positionsplans im System hinterlegt. Die Positionen sind Basis von Erfassung, Buchung und Auswertung in der Konsolidierung. Die Positionen können benutzerspezifisch definiert werden.
Positionsplan	Positionen werden innerhalb eines Positionsplans strukturiert. Es ist auch möglich, eine Position in mehreren parallel nebeneinander im System hinterlegten Positionspläne aufzunehmen.
R/3	Das Software-System R/3 ist das Hauptprodukt von SAP, es ermöglicht eine komplette betriebswirtschaftliche Unternehmenssteuerung. Seit dem Release 4.6 wird es als mySAP.com bezeichnet.
Recherche-Bericht	Werkzeug zur Analyse komplexer Datenbestände; mittels Recherche-Berichte kann in umfangreichen Datenbeständen nach verschiedenen Merkmalen navigiert werden.
Neue Reporting Standards	Neue, globale Anforderungen an die interne und externe Berichterstattung hinsichtlich Inhalt und zeitlicher Verfügbarkeit. Grundlage der Neuen Reporting Standards bildet die internationale Rechnungslegung.
Report Painter	Werkzeug zum Anlegen von Berichten. Der Report Painter verwendet eine grafische Berichtsstruktur, welche die Grundlage für die Berichtsdefinition bildet. Der Anwender sieht während der Definition den Aufbau des Berichts in der Form, in der der Bericht bei der Ausgabe der entsprechenden Daten erscheint.
Rollup	Methode zur Verdichtung der Daten; sie wird im EC-CS angeboten, um auf jeder Stufe der Konsolidierungshierarchie einen aggregierten Datensatz zu erzeugen.
Segment	Gliederungseinheit eines Konzerns innerhalb der Segmentstruktur.
Segmentstruktur	Gliederungsstruktur der internen Berichterstattung in der der Konzern nach Arbeitsgebieten oder Segmenten untergliedert wird. Eine mögliche Untergliederung könnte über Geschäftsfelder zu Produkten erfolgen.

SEM	Strategic Enterprise Management; so genanntes „New Dimension Product" von SAP, das auf den Business Information Warehouse basiert und die Logik für eine Corporate Finance Abteilung bereitstellt.
Saldovortrag	Konsolidierung (EC-CS): Zum Jahreswechsel werden durch einen Saldovortrag alle Salden von Bilanzpositionen vom alten in das neue Jahr als Eröffnungsbilanz vorgetragen.
Sicht	Über Sichten können verschiedene betriebswirtschaftliche Abschlüsse voneinander getrennt werden. Dazu können sowohl Stammdateneinstellungen als auch Verarbeitungsprozesse sichtabhängig definiert werden.
Stammdaten	Daten die Strukturinformationen enthalten, die nicht von den Anwendern verändert werden können und im Gegensatz zu Bewegungsdaten mehrfach verwendet werden.
Tiefengliederung	Die Tiefengliederung beinhaltet Konsolidierungsinformationen in Form von Geschäftsfeldinformationen (Geschäftsfeld, Produkte).
Ultimo	Buchungsschluss einer Periode.
Unterkontierung	Merkmal, durch das die Bewegungsdaten einer Position weiter differenziert bzw. untergliedert werden können; dies können z.B. Bewegungsarten, Partner- oder Geschäftsfeldinformationen in Zusatzfeldern sein.
Unterposition	Unterpositionen sind für eine zusätzliche Kontierung von Positionen erforderlichen. Sie können nach Unterpositionstypen untergliedert werden. (s.a. Unterkontierung).
Upload / Flexibler Upload	Verfahren, zum Einspielen von Stamm- oder Bewegungsdaten in das SAP System; die Dateistruktur muss dabei der Definition der Uploadmethode entsprechen.
User Exit	Absprungstellen in einem SAP-Programm, an denen der Verarbeitungsprozess in Eigenprogrammierungen verzweigt werden kann; im Gegensatz zu Customer Exits kann der Entwickler über User Exits auf Programmteile und Datenobjekte des Standards zugreifen. Es wird durch SAP garantiert, dass diese Schnittstellen auch in nachfolgenden Releases vorhanden sind und konstant bleiben.
US-GAAP	Die US-GAAP (US Generally Accepted Accounting Principles) bilden den amerikanischen Rechnungslegungsstandard, sie werden vom FASB (Financial Accounting Standards Board) erstellt.

Validierung	Validierungen werden in diesem Zusammenhang als Verprobungen der internen und externen Berichterstattung verstanden.

Version (SAP)   Über Version lässt sich der Datenbestand strukturieren. Es lassen sich unterschiedliche Konsolidierungen abbilden. Ebenso lassen sich Datenarten (z.B. IST- vs. Plandaten) voneinander trennen. Darüber hinaus ist es möglich, unterschiedliche Datenlieferungszeitpunkte in der gleichen Periode über Version voneinander abzugrenzen.

Version   Als Version wird ein in sich abgeschlossenes Arbeitsergebnis betrachtet, dessen Umfang vorab nicht detailliert beschrieben sein musste.

Vollintegration   Stufe 6 der Integration Roadmap ist realisiert worden.

Vollständige Harmonisierung   Bei einer vollständigen Harmonisierung werden alle Positionen – betriebswirtschaftlich gleich oder exakt überleitbar – der internen und externen Berichterstattung nur einmal erfasst. Die Erfassung erfolgt auf der für die interne Berichterstattung benötigten tiefsten Ebene der Segmentstruktur (Tiefengliederung) mit vollständigen Konsolidierungsinformationen.

Zusammenführung   Die Zusammenführung ist die Vorstufe der Integration. Sie umfasst die ersten drei Stufen der sechsstufigen Integration Roadmap.

Zusatzfeld   Erweiterung der Tabellen des Datenmodells zur Abbildung unternehmensspezifischer Kontierungen; im EC-CS (seit Version 4.6 verfügbar) besteht die Möglichkeit, bei der Durchführung von Buchungen über die Standardkontierungen hinaus bis zu drei weitere Zusatzfelder frei zu kontieren. Somit kann nach den spezifischen Anforderungen des Anwenders eine Kontierung beispielsweise von Geschäftsfeldern vorgenommen werden. Darüber hinaus können bei Konzernverrechungen der Konsolidierung Belege pro Zusatzfeld erzeugt werden, so dass eine detaillierte Analyse der Geschäftsbeziehungen möglich ist.

Zusatzmeldedaten   Konsolidierung (EC-CS): Informationen die zur Durchführung einer Kapitalkonsolidierung oder einer Zwischenergebniseliminierung erforderlich sind. Bei der Kapitalkonsolidierung handelt es sich um Daten zur Beteiligungs- und Kapitalentwicklung, Goodwill-Entwicklung und Entwicklung der stillen Reserven. Bei der Zwischenergebniseliminierung im Umlaufvermögen handelt es sich um Daten, die die konzerninternen Lieferungs- und Leistungsbeziehungen betreffen.

Wenn Vermögensgegenstände zwischen Konsolidierungseinheiten veräußert werden, können dabei eliminierungspflichtige Zwischenergebnisse (Gewinne wie Verluste) auftreten. Diese dürfen in einem konsolidierten Abschluss nicht gezeigt werden. Die Zwischenergebniseliminierung eliminiert Geschäftsvorfälle zwischen verbundenen Unternehmen, die sowohl das Anlagevermögen als auch das Umlaufvermögen betreffen.

Literaturverzeichnis

Accenture (2001): *Financial und Technological Excellence bei deutschen DAX- und MDAX-Unternehmen*, Accenture-Studie, Februar 2001.

Allianz (2000): „Grünes Licht für US-Börsengang der Allianz", Pressemitteilung vom 2. November 2000, München.

Born, Karl (1997): *Rechnungslegung international*, Schäffer-Poeschel: Stuttgart.

Buck-Emden, Rüdiger (1999): *Die Technologie des SAP R/3 Systems*, Addison-Wesley: Bonn.

Coenenberg, Adolf (2000): *Jahresabschluß und Jahresabschlußanalyse: Betriebswirtschaftliche, handelsrechtliche, steuerrechtliche und internationale Grundlagen – HGB, IAS, US-GAAP*, Verlag moderne Industrie: Landsberg am Lech.

Currle, Michael, Gunter Fauth und Sascha von Wangenheim (1998): „Internationalisierung und Integration des Rechnungswesens im debis Systemhaus", *Controlling* 4, S. 252-259.

Daimler Benz (1997): *Geschäftsjahr 1996*, Geschäftsbericht der Daimler-Benz AG, Stuttgart.

Deutsche Börse (2000): *Factbook 1999*, Deutsche Börse AG: Frankfurt am Main, verfügbar bei: http://www.exchange.de.

Deutsche Bundesbank (2000): Wertpapierdepots, Statistische Sonderveröffentlichung 9, August 2000, Deutsche Bundesbank: Frankfurt am Main.

Financial Times (2000): *Guide to the Millennium: Equities*, verfügbar bei: http://www.ft.com.

Financial Times Deutschland (2000a): „Netzwerklieferant Lucent verrechnet sich um 125 Mio. Dollar", *Financial Times Deutschland*, vom 22. November 2000, S. 3.

Financial Times Deutschland (2000b): „EM.TV-Vorstand Florian Haffa tritt zurück", *Financial Times Deutschland*, vom 4. Dezember 2000, S. 7.

Hahn, Klaus und Walter Schneider (1998): „Simultane Modelle der handelsrechtlichen Bilanzpolitik von Kapitalgesellschaften unter Berücksichtigung der Internationalisierung der Rechnungslegung", in C.-Ch. Freidank (Hrsg.): *Rechnungslegungspolitik*, S. 333-405, Springer: Berlin, Heidelberg, New York.

Haller, Axel (1997): „Zur Eignung der US-GAAP für Zwecke des internen Rechnungswesens", *Controlling* 4, S. 270-276.

Haller, Axel und Peter Park (1999): „Segmentberichterstattung auf Basis des Management Approach – Inhalt und Konsequenzen", *krp Kostenrechnungspraxis* 3, S. 59-66.

Harris, Roy (1999): „The Force Behind the Drive to Improve Productivity and Reduce Cycle Times at Cisco Systems", *CFO Magazine,* Onlineausgabe.

Hentschel, Dirk (2000): „Kampf um den Luftraum", *DM* 11, S. 126-128.

Horváth, Péter und Ali Arnaout (1997): „Internationale Rechnungslegung und Einheit des Rechnungswesens", *Controlling* 4, S. 254-269.

Internet Software Consortium (2000): *Internet Domain Survey, July 2000,* verfügbar bei: http://www.isc.org/.

Küting, Karlheinz und Peter Lorson (1998): „Konvergenz von internem und externem Rechnungswesen: Anmerkungen zu Strategien und Konfliktfeldern", *Wirtschaftsprüfung* 51, S. 483-490.

Levitt, Theodore (1996): „Die Globalisierung der Märkte" in: Montgomery, Cynthia (Hrsg.): *Strategie,* Ueberreuter: Wien, S. 199-220.

Lewis, Thomas G. (1994): *Steigerung des Unternehmenswertes: Total-value Management,* Moderne Industrie: Landsberg am Lech.

Löw, E. (1999): „Einfluss des Shareholder Value – Denkens auf die Konvergenz von externem und internem Rechnungswesen", *krp Kostenrechnungspraxis* 43, S. 87-92.

Manager Magazin (2000): „Die besten Geschäftsberichte 2000", verfügbar bei: http://www.manager-magazin.de.

Manager Magazin (2001): „Die Larry-Show", *Manager Magazin* 1 S. 96-102.

Martin, Hans-Peter und Harald Schumann (1997): *Die Globalisierungsfalle*, Rowohlt: Hamburg.

New York Stock Exchange (2000): „437 Non-U.S. Companies from 51 Countries", Pressemitteilung verfügbar bei http://www.nyse.com.

Niehus, Rudolf und Alfred Thyll (2000): *Konzernabschluß nach U.S. GAAP: Grundlagen und Gegenüberstellung mit den deutschen Vorschriften*, Schäffer-Poeschel: Stuttgart.

Prangenberg, Arno (2000): *Konzernabschluß international*, Schäffer-Poeschel: Stuttgart.

SAP (1998a): *CA – Allgemeines Recherchebuch*, Release 4.0B, SAP: Walldorf.

SAP (1998b): *SAP Online R/3-Bibliothek*, Release 4.5B, SAP: Walldorf.

Schuler, Andreas H. und Karsten Kammer (2001): „Konzept zur Harmonisierung des Rechnungswesens im internationalen Konzern", wird veröffentlicht in *Controller Magazin*, März 2001.

Siemens (1997): *Annual Report*, Siemens AG: München.

Sill, Hannes (1995): „Externe Rechnungslegung als Controlling-Instrument!", in: Horváth, Péter (Hrsg.): *Controlling-Prozesse Optimieren*, Schäffer-Poeschel: Stuttgart, S. 14-31.

Siener, F. (1998): „Interne Steuerung mit US-GAAP. Auswirkungen eines nach US-GAAP erstellten Konzernabschlusses (im Vergleich zum HGB) auf die interne Steuerung und die externe Analyse", Manuskript zum Vortrag auf dem *13. Controlling Congress*, Düsseldorf, S. 13-31.

Stewart, Bennett (1991): *The Quest for Value: the EVA Management Guide*, HarperCollins: New York.

UNCTAD (2000): *World Investment Report 2000: Cross-border Mergers and Acquisitions and Development*, United Nations: New York.

Wöhe, Günter (1992) *Bilanzierung und Bilanzpolitik: betriebswirtschaftlich, handelsrechtlich, steuerrechtlich*, Vahlen: München.

Ziegler, H. (1994): „Neuorientierung des internen Rechnungswesens für das Unternehmens-Controlling im Hause Siemens", *Zeitschrift für betriebswirtschaftliche Forschung* 46, S. 175-188.

Autorenverzeichnis

Andreas Pfeifer ist Partner bei *Accenture GmbH*, München.

Andreas H. Schuler ist Senior Manager bei *Accenture GmbH*, München.

Frank Poschadel ist Manager bei *Accenture GmbH*, Hamburg.

Tristan Werner ist Manager bei *Accenture GmbH*, München.

Hervé Bastian ist Berater bei *Accenture GmbH*, München.

Lutz Beckers ist Berater bei *Accenture GmbH*, Düsseldorf.

Stefan Bronzel ist Berater bei *Accenture GmbH*, Hamburg.

Benedikt Ernst ist Berater bei *Accenture GmbH*, München.

Stephan Lang ist Berater bei *Accenture GmbH*, Sulzbach.

Claudio Thum ist Berater bei *Accenture GmbH*, München.

Thomas Veer ist Berater bei *Accenture GmbH*, Sulzbach.

Karsten Simon ist Geschäftsführer von *project communication*, München.

Weitere Titel aus dem Programm

Stefan Röger, Frank Morelli, Antonio Del Mondo
Controlling von Projekten mit SAP R/3®
Projektsteuerung und Investitionsmanagement mit den Modulen PS
und IM
2000. XVI, 379 S. mit 310 Abb. Geb. DM 98,00   ISBN 3-528-05699-1
Grundlagen des Projekt- und Investitionsmanagements - Grundlagen
des PS- und IM-Moduls in SAP R/3 - Integration der Module - Leis-
tungsmerkmale und Anwendungsbeispiel - Customizing zum Anwendungsbeispiel - Ausblick/Vorschau/Ergebnisse

Jörg Dittrich, Peter Mertens, Michael Hau
Dispositionsparameter von SAP R/3-PP
Einstellhinweise, Wirkungen, Nebenwirkungen
1999. VIII, 165 S. mit 58 Abb. Geb. DM 148,00   ISBN 3-528-05710-6
Customizing von SAP R/3-PP - Praktische Bedeutung - Konfigurations-
hilfsmittel als Lösungsansatz - Konfigurationshinweise zu Dispositi-
onsparametern von SAP R/3-PP - Wirkung der Parameter auf Kapital-
bindung, Durchlaufzeit, Termintreue und Flexibilität der Fertigung

Paul Alpar, Joachim Niedereichholz (Hrsg.)
Data Mining im praktischen Einsatz
Verfahren und Anwendungsfälle für Marketing, Vertrieb, Controlling
und Kundenunterstützung
2000. VIII, 230 S. mit 23 Abb. Br. DM 68,00   ISBN 3-528-05748-3
Kundensegmentierung - Bonitätsprüfung - Werbeträgerplanung -
Warenkorbanalyse - Produktauswahl - Telekommunikation - Versand-
handel - Versicherungen - Einzelhandel

Abraham-Lincoln-Straße 46
65189 Wiesbaden
Fax 0611.7878-400
www.vieweg.de

Stand 1.10.2000
Änderungen vorbehalten.
Erhältlich im Buchhandel oder im Verlag.